2021 年中国核与辐射安全监管数据报告

生态环境部核与辐射安全中心　编著

中国原子能出版社

图书在版编目（CIP）数据

2021 年中国核与辐射安全监管数据报告 / 生态环境部核与辐射安全中心编著. --北京：中国原子能出版社，2022.12

ISBN 978-7-5221-2624-1

Ⅰ. ①2… Ⅱ. ①生… Ⅲ. ①核安全–辐射防护–研究报告–中国–2021 Ⅳ. ①TL7

中国版本图书馆 CIP 数据核字（2022）第 249848 号

2021 年中国核与辐射安全监管数据报告

出版发行 中国原子能出版社（北京市海淀区阜成路 43 号 100048）
责任编辑 徐 明
封面设计 北京金玉森林广告有限公司
责任校对 冯莲凤
责任印制 赵 明
印　　刷 北京九州迅驰传媒文化有限公司
经　　销 全国新华书店
开　　本 787 mm×1092 mm 1/16
印　　张 7.25
字　　数 143 千字
版　　次 2022 年 12 月第 1 版 2022 年 12 月第 1 次印刷
书　　号 ISBN 978-7-5221-2624-1 **定 价** **88.00** 元

发行电话：010-68452845

本书编委会

主　　任　任洪岩

委　　员　周启甫　张春明　王承智　罗朝晖

本书编写者

主　　编　王承智　罗朝晖

副 主 编　李　晶　卞玉芳

编写组成员　兰　兵　王　喆　杨晓伟　高思颐　张　宇　党　磊
潘玉婷　曹芳芳　刘　念　王　岩　韩冬傲　吴晓燕
张　彦　田　丰　张意腾　樊　赟　龚　宇　安洪振
白　刚　郑洁莹　李大为　秦忠正　张黎辉　张　鸥
戴文博　李明珠

本书编写情况

前　　言：李晶

第一部分　监管对象

第一章　整体情况：李晶；

第二章　核电厂：兰兵；

第三章　研究堆和临界装置：王喆；

第四章　核燃料循环设施：杨晓伟；

第五章　铀矿和伴生放射性矿：高思颐；

第六章　放射性废物处理、贮存和处置设施：张宇；

第七章　核技术利用：党磊；

第八章　放射性物品运输：潘玉婷、曹芳芳、刘念；

第九章　民用核安全设备监管：第一节　民用核安全设备单位基础数据：王岩；第二节　进口民用核安全设备安全检验：韩冬傲

第二部分　监管活动

第一章　整体情况：李晶；

第二章　监管体系建设：吴晓燕；

第三章　核与辐射事故应急管理：张彦；

第四章　人员资质管理：第一节　民用核设施操纵人员：田丰；第二节　核安全设备特种工艺人员：张意腾；

第五章　法规标准：樊赟；

第六章　政策规划：龚宇、安洪振、白刚、郑洁莹、李大为、秦忠正、张黎辉；

第七章　对外合作：张鸥；

第八章　信息公开与公众沟通：戴文博、李明珠

前言

2021 年，我国核能与核技术利用事业蓬勃发展，新技术、新堆型、新设施、新装备不断涌现。与此同时，我国核与辐射安全许可、审评、监督、监测和应急等工作急剧增加、日益繁重，对核与辐射安全监管工作提出了更高、更新的要求。为了积极应对核与辐射安全的新形势和新挑战，我国核与辐射安全监管工作扎实开展、卓有成效。2021 年，我国民用核设施的运行安全和建造质量处于良好状态，运行核电厂、研究堆、核燃料循环设施、放射性废物贮存和处理处置设施，以及放射性物品运输活动，均未发生国际核事件分级表（INES）2 级及以上安全事件或事故，核设施的运行事件和建造事件得到妥善处理。2021 年，全国辐射环境质量总体良好，核设施周围环境电离辐射水平、电磁辐射发射设施周围环境电磁辐射水平总体无明显变化。

在生态环境部（国家核安全局）指导下，生态环境部核与辐射安全中心对我国核与辐射安全数据进行了较为全面的收集和整理，形成了《2021 年中国核与辐射安全监管数据报告》，旨在推动公众全面了解我国核能与核技术利用事业发展情况及相关监管工作开展情况。

本书分为两部分：第一部分监管对象包括核电厂、研究堆和临界装置、核燃料循环设施、铀矿和伴生放射性矿、放射性废物处理、贮存和处置设施、核技术利用、放射性物品运输和民用核安全设备监管等章节；第二部分监管活动包括监管体系建设、核与辐射事故应急管理、人员资质管理、法规标准、政策规划、对外合作、信息公开与公众沟通等章节。统计数据不含港澳台地区。由于数据来源及编者水平有限，难免出现错误及疏漏，不当之处敬请各位领导、专家批评指正。

目 录

第一部分 监管对象

第二部分　监管活动

第一部分

监管对象

第一章　整体情况

2021 年，我国核能与核技术利用事业蓬勃发展，新技术、新堆型、新设施、新装备不断涌现。与此同时，我国核与辐射安全许可、审评、监督、监测和应急等工作急剧增加、日益繁重，对核与辐射安全监管工作提出了更高、更新的要求。为了积极应对核与辐射安全的新形势和新挑战，我国核与辐射安全监管工作扎实开展、卓有成效。2021 年，我国核能与核技术利用事业始终保持良好的安全业绩，未发生国际核事件分级表（INES）中 1 级及以上事件和事故，核电安全达到国际先进水平。放射源辐射事故发生率不断降低，研究堆和核燃料循环设施保持良好安全记录。

截至 2021 年 12 月 31 日，我国共有运行核电机组 53 台（不含台湾地区），在建核电机组 15 台。运行机组合计额定装机容量 54 646.95 MW，累计运行 457.51 堆年，商运核电机组累计发电量 4 071.38 亿/kWh，占全国发电量的 5.02%，相当于节约燃煤 12 315.9 万 t，CO_2 减排 32 267.7 万 t，SO_2 减排 104.7 万 t，NO_x 减排 91.1 万 t。2021 年，我国核电机组平均负荷因子为 88.94%，平均能力因子为 92.95%。

2021 年，我国各商运核电厂严格控制机组的运行风险，继续保持安全、稳定运行，未发生较大及以上安全生产事件、环境事件、辐射污染事件，未发生火灾爆炸事故，未发生职业病危害事故；全年共向生态环境部（国家核安全局）报告运行事件 27 起，皆为 INES 0 级事件。2020 年，我国核电机组建造过程中发生的建造事件共计 8 项。2021 年，我国运行核电厂未发生危及公众和环境安全的放射性事件。监测结果表明，各核电厂 3 道安全屏障的完整性全年均处于良好状态。

2021 年，全国 20 座在役研究堆（临界装置）中，其中在役 18 座、退役中 1 座、在建 1 座。2021 年全年共报告 6 起运行事件，均未对反应堆厂房外环境造成不良后果。

截至 2021 年 12 月 31 日，我国主要的民用核燃料生产、加工、贮存设施共计 21 个。2021 年，我国在役核燃料生产、加工、贮存和后处理设施安全运行，继续保持良好的安全记录，在建设施建造质量得到有效控制。核燃料循环设施的核与辐射安全可控，未对工作人员、公众和环境造成不可接受的核与辐射危害。

2021 年，生态环境部（国家核安全局）对 21 个铀矿冶及铀地质勘探项目进行了环评审批。

截至 2021 年 12 月 31 日，我国已建成运行的核电厂配套的放射性废物处理设施 36 个、贮存设施 34 个；核燃料循环设施配套的放射性废物处理设施 9 个、贮存设施 5 个；研究堆配套的放射性废物处理设施 9 个、贮存设施 5 个；独立的放射性废物贮存设施 1 个、放射性废物近地表处置设施 3 个。

截至 2021 年 12 月 31 日，我国国内共计有 33 个一类放射性物品运输容器的设计（含国外容器在中国境内的使用）批准；持有一类放射性物品运输容器制造许可的制造单位共计 9 家、容器制造单位有 9 家。

截至 2021 年 12 月 31 日，全国从事生产、销售、使用放射性同位素和射线装置的单位共 92 453 家，其中，生产、销售、使用放射性同位素的单位 9 618 家，仅生产、销售、使用射线装置的单位共有 82 835 家。全国在用放射源 156 539 枚（其中Ⅰ类放射源 15 624 枚、Ⅱ类放射源 17 735 枚、Ⅲ类放射源 1 861 枚、其他放射源 120 979 枚）。全国在用射线装置总数为 229 002 台。

截至 2021 年 12 月 31 日，国家核安全局全年受理并立项审查的民用核安全设备许可证申请单位共 157 家。批准了 139 家单位的许可证申请，其中新取证单位 8 家、延续许可证单位 46 家、变更许可证单位 85 家。民用核安全设备活动境外单位注册登记确认书持证单位共计 192 家。共有 55 家报检单位向生态环境部（国家核安全局）提交了 3 399 批次口岸申报文件、2 718 批次开箱申报文件、2 554 批次安全检验申报文件。安全检验中发现的问题量处在可控范围内。

第二章　核电厂

第一节　概　况

截至 2021 年 12 月底，我国共有运行商用堆 53 台（不含台湾地区），在建商用堆 15 台；运行机组合计额定装机容量 54 646.95 MW，累计运行 457.51 堆年，商运核电机组累计发电量 4 071.38 亿 kWh，占全国发电量的 5.02%，相当于节约燃煤 12 315.9 万 t，CO_2 减排 32 267.7 万 t，SO_2 减排 104.7 万 t，NO_x 减排 91.1 万 t。2021 年，我国核电机组平均负荷因子为 88.94%，平均能力因子为 92.25%。我国核电机组基本情况如表 1 所示。

第二节　发展情况

1. 核电机组数量

截至 2021 年年底，我国运行和在建核电机组（不含 CEFR 实验快堆，霞浦 1、2 号示范快堆，昌江小堆）共计 68 台（不含台湾地区）。2021 年，我国有 4 台机组首次装料，分别为田湾 6 号机组、红沿河 5 号机组、石岛湾 1 号机组和福清 6 号机组，其中田湾 6 号机组、红沿河 5 号机组和石岛湾 1 号机组于 2021 年完成并网，运行机组达到 53 台。目前，国内在建机组 15 台，规模居世界首位。其中，2021 年有 4 台机组开工建造，分别为三澳 2 号机组、昌江 3 号机组、昌江 4 号机组和徐大堡 3 号机组，发展趋势如图 1 所示。

2. 核电总装机容量

近 10 年来，我国核电在运机组装机容量持续提升，已从 2012 年 16 台机组、额定

表 1 我国核电机组基础数据总表（截至 2021 年 12 月底）

地理位置	核电厂名称	机组号	代码/编号	当前状态	FCD 日期	首临界日期	并网日期	商运日期	反应堆堆型	装机容量/MW	热功率/MW	发电效率	截至 2021 年底累计运行堆年	2021 年实际发电量/亿 kWh	2021 年核电机组平均能力因子	2021 年核电机组平均负荷因子
福建	宁德	1	CN18	运行	2008 年 2 月 18 日	2012 年 11 月 24 日	2012 年 12 月 28 日	2013 年 4 月 15 日	M310 翻版加改进型	1 089	2 905	37.49%	9.016 438	85.92	92.56%	90.07%
		2	CN19	运行	2008 年 11 月 12 日	2013 年 12 月 20 日	2014 年 1 月 4 日	2014 年 5 月 4 日	M310 翻版加改进型	1 089	2 905	37.49%	7.997 26	85.64	90.70%	89.77%
		3	CN34	运行	2010 年 1 月 8 日	2015 年 3 月 8 日	2015 年 3 月 21 日	2015 年 6 月 10 日	M310 翻版加改进型	1 089	2 905	37.49%	6.789 041	86.39	95.06%	90.56%
		4	CN35	运行	2010 年 9 月 29 日	2016 年 3 月 16 日	2016 年 3 月 29 日	2016 年 7 月 21 日	M310 翻版加改进型	1 089	2 905	37.49%	5.764 384	94.99	99.99%	99.57%
	福清	1	CN20	运行	2008 年 11 月 21 日	2014 年 7 月 24 日	2014 年 8 月 20 日	2014 年 11 月 22 日	M310 翻版加改进型	1 089	2 905	37.49%	7.372 603	86.77	92.54%	90.96%
		2	CN21	运行	2009 年 6 月 17 日	2015 年 7 月 22 日	2015 年 8 月 6 日	2015 年 10 月 16 日	M310 翻版加改进型	1 089	2 905	37.49%	6.410 959	81.48	88.15%	85.41%
		3	CN42	运行	2010 年 12 月 31 日	2016 年 7 月 3	2016 年 9 月 7 日	2016 年 10 月 24 日	M310 翻版加改进型	1 089	2 905	37.49%	5.320 548	77.25	90.99%	80.98%
		4	CN43	运行	2012 年 11 月 17 日	2017 年 7 月 16 日	2017 年 7 月 29 日	2017 年 9 月 17 日	M310 翻版加改进型	1 089	2 905	37.49%	4.430 137	90.25	100.00%	94.61%
		5	CN51	运行	2015 年 5 月 7 日	2020 年 10 月 21 日	2020 年 11 月 27 日	2021 年 1 月 30 日	华龙一号	1 161	3 060	37.94%	1.095 89	88.47	92.18%	86.99%
		6	CN52	运行	2015 年 12 月 22 日	2021 年 12 月 11 日			华龙一号	1 161	3 060	37.94%				
	漳州	1		建造	2019 年 10 月 16 日				华龙一号	1 212	3 180	38.11%				
		2		建造	2020 年 9 月 4 日				华龙一号	1 212	3 190	37.99%				

续表

地理位置	核电厂名称	机组号	代码/编号	当前状态	FCD 日期	首临界日期	并网日期	商运日期	反应堆堆型	装机容量/MW	热功率/MW	发电效率	截至 2021 年底累计运行堆年	2021 年实际发电量/亿 kWh	2021 年核电机组平均能力因子	2021 年核电机组平均负荷因子
广东	阳江	1	CN22	运行	2008 年 12 月 16 日	2013 年 12 月 23 日	2013 年 12 月 31 日	2014 年 3 月 25 日	M310 翻版加改进型	1 086	2 905	37.38%	8.008 219	84.2	88.72%	88.51%
		2	CN23	运行	2009 年 6 月 4 日	2015 年 3 月 2 日	2015 年 3 月 10 日	2015 年 6 月 5 日	M310 翻版加改进型	1 086	2 905	37.38%	6.819 178	93.29	99.97%	98.06%
		3	CN40	运行	2010 年 11 月 15 日	2015 年 10 月 11 日	2015 年 10 月 18 日	2016 年 1 月 1 日	M310 翻版加改进型	1 086	2 905	37.38%	6.210 959	83.14	93.32%	87.39%
		4	CN41	运行	2012 年 11 月 17 日	2016 年 12 月 30 日	2017 年 1 月 8 日	2017 年 3 月 15 日	M310 翻版加改进型	1 086	2 905	37.38%	4.983 562	84.81	89.41%	89.15%
		5	CN47	运行	2013 年 9 月 18 日	2018 年 5 月 16 日	2018 年 5 月 23 日	2018 年 7 月 12 日	ACPR1000	1 086	2 905	37.38%	3.613 699	87.16	94.40%	91.62%
		6	CN48	运行	2013 年 12 月 23 日	2019 年 6 月 22 日	2019 年 6 月 29 日	2019 年 7 月 24 日	ACPR1000	1 086	2 905	37.38%	2.512 329	90.67	98.02%	95.31%
	大亚湾	1	CN02	运行	1987 年 8 月 7 日	1993 年 7 月 28 日	1993 年 8 月 31 日	1994 年 2 月 1 日	M310	984	2 905	33.87%	28.356 16	77.59	88.92%	90.01%
		2	CN03	运行	1988 年 4 月 7 日	1994 年 1 月 21 日	1994 年 2 月 7 日	1994 年 5 月 6 日	M310	984	2 905	33.87%	27.917 81	87.08	99.98%	101.02%
	岭澳	1	CN06	运行	1997 年 5 月 15 日	2002 年 2 月 4 日	2002 年 2 月 26 日	2002 年 5 月 28 日	M310	990	2 905	34.08%	19.860 27	77.63	89.67%	89.51%
		2	CN07	运行	1997 年 11 月 28 日	2002 年 8 月 27 日	2002 年 9 月 14 日	2003 年 1 月 8 日	M310	990	2 905	34.08%	19.312 33	85.02	99.98%	98.04%
		3	CN12	运行	2005 年 12 月 15 日	2010 年 6 月 9 日	2010 年 7 月 15 日	2010 年 9 月 15 日	M310 翻版加改进型	1 086	2 905	37.38%	11.473 97	77.69	83.40%	81.66%
		4	CN13	运行	2006 年 6 月 15 日	2011 年 2 月 25 日	2011 年 5 月 3 日	2011 年 8 月 7 日	M310 翻版加改进型	1 086	2 905	37.38%	10.673 97	78.33	85.11%	82.34%

续表

地理位置	核电厂名称	机组号	代码/编号	当前状态	FCD 日期	首临界日期	并网日期	商运日期	反应堆堆型	装机容量/MW	热功率/MW	发电效率	截至 2021 年底累计运行堆年	2021 年实际发电量/亿 kWh	2021 年核电机组平均能力因子	2021 年核电机组平均负荷因子
广东	太平岭	1		建造	2019 年 12 月 26 日				华龙一号	1 200	3 180	37.74%				
		2		建造	2020 年 10 月 15 日				华龙一号	1 202	3 190	37.68%				
	台山	1	CN32	运行	2009 年 11 月 18 日	2018 年 6 月 6 日	2018 年 6 月 29 日	2018 年 12 月 13 日	EPR	1 750	4 590	38.13%	3.512 329	81.29	55.79%	53.03%
		2	CN33	运行	2010 年 4 月 15 日	2019 年 5 月 28 日	2019 年 6 月 26 日	2019 年 9 月 7 日	EPR	1 750	4 590	38.13%	2.520 548	116.2	78.96%	75.80%
广西	防城港	1	CN38	运行	2010 年 7 月 30 日	2015 年 10 月 13 日	2015 年 10 月 25 日	2016 年 1 月 1 日	M310 翻版加改进型	1 086	2 905	37.38%	6.191 781	86.82	92.69%	91.26%
		2	CN39	运行	2010 年 12 月 23 日	2016 年 6 月 29 日	2016 年 7 月 15 日	2016 年 10 月 1 日	M310 翻版加改进型	1 086	2 905	37.38%	5.468 493	94.44	99.99%	99.27%
		3	CN53	建造	2015 年 12 月 24 日				华龙一号	1 180	3 150	37.46%				
		4	CN54	建造	2016 年 12 月 23 日				华龙一号	1 180	3 150	37.46%				
海南	昌江	1	CN36	运行	2010 年 4 月 25 日	2015 年 10 月 12 日	2015 年 11 月 7 日	2015 年 12 月 25 日	CNP650	650	1 930	33.68%	6.156 164	48.28	92.71%	84.79%
		2	CN37	运行	2010 年 11 月 21 日	2016 年 6 月 9 日	2016 年 6 月 20 日	2016 年 8 月 12 日	CNP650	650	1 930	33.68%	5.536 986	49.35	92.03%	86.67%
		3		建造	2021 年 3 月 31 日				华龙一号	1 197	3 190	37.52%				
		4		建造	2021 年 12 月 28 日				华龙一号	1 200	3 190	37.62%				

续表

地理位置	核电厂名称	机组号	代码/编号	当前状态	FCD 日期	首临界日期	并网日期	商运日期	反应堆堆型	装机容量/MW	热功率/MW	发电效率	截至 2021 年底累计运行堆年	2021 年实际发电量/亿 kWh	2021 年核电机组平均能力因子	2021 年核电机组平均负荷因子
江苏	田湾	1	CN10	运行	1999 年 10 月 20 日	2005 年 12 月 20 日	2006 年 5 月 12 日	2007 年 5 月 17 日	VVER1000	1 060	3 000	35.33%	15.652 05	81.29	90.13%	87.54%
		2	CN11	运行	2000 年 9 月 20 日	2007 年 5 月 1 日	2007 年 5 月 14 日	2007 年 8 月 16 日	VVER1000	1 060	3 000	35.33%	14.646 58	85.59	93.50%	92.17%
		3	CN45	运行	2012 年 12 月 27 日	2017 年 9 月 29 日	2017 年 12 月 30 日	2018 年 2 月 15 日	VVER1000	1 126	3 000	37.53%	4.008 219	85.89	93.38%	87.08%
		4	CN46	运行	2013 年 9 月 27 日	2018 年 9 月 30 日	2018 年 10 月 27 日	2018 年 12 月 22 日	VVER1000	1 126	3 000	37.53%	3.183 562	93	95.87%	94.28%
		5	CN55	运行	2015 年 12 月 27 日	2020 年 7 月 27 日	2020 年 8 月 8 日	2020 年 9 月 8 日	ACPR1000	1 118	2 905	38.49%	1.4	80.48	85.95%	82.18%
		6	CN56	运行	2016 年 9 月 7 日	2021 年 5 月 4 日	2021 年 5 月 11 日	2021 年 6 月 2 日	ACPR1000	1 118	2 905	38.49%	0.643 836	58.9	99.99%	93.41%
		7		建造	2021 年 5 月 19 日				VVER1200	1 265	3 200	39.53%				
辽宁	红沿河	1	CN16	运行	2007 年 8 月 18 日	2013 年 6 月 16 日	2013 年 2 月 17 日	2013 年 6 月 6 日	M310 翻版加改进型	1 118.8	2 905	38.51%	8.876 712	95.65	99.99%	97.60%
		2	CN17	运行	2008 年 3 月 28 日	2013 年 10 月 24 日	2013 年 11 月 23 日	2014 年 5 月 13 日	M310 翻版加改进型	1 118.8	2 905	38.51%	8.112 329	87.12	91.26%	88.89%
		3	CN26	运行	2009 年 3 月 7 日	2014 年 10 月 27 日	2015 年 3 月 23 日	2015 年 8 月 16 日	M310 翻版加改进型	1 118.8	2 905	38.51%	6.783 562	84.6	88.16%	86.32%
		4	CN27	运行	2009 年 8 月 15 日	2016 年 3 月 5 日	2016 年 4 月 1 日	2016 年 9 月 19 日	M310 翻版加改进型	1 118.8	2 905	38.51%	5.756 164	88.59	92.90%	90.39%
		5	CN49	运行	2015 年 3 月 29 日	2021 年 7 月 13 日	2021 年 7 月 25 日	2021 年 7 月 31 日	ACPR1000	1 118.8	2 905	38.51%	0.438 356	40.28	99.97%	93.76%

续表

地理位置	核电厂名称	机组号	代码/编号	当前状态	FCD 日期	首临界日期	并网日期	商运日期	反应堆堆型	装机容量/MW	热功率/MW	发电效率	截至 2021 年底累计运行堆年	2021 年实际发电量/亿 kWh	2021 年核电机组平均能力因子	2021 年核电机组平均负荷因子
辽宁	红沿河	6	CN50	建造	2015 年 7 月 24 日				ACPR1000	1 119	2 905	38.52%				
	徐大堡核电站	3		建造	2021 年 7 月 28 日				VVER1200	1 274	3 200					
山东	海阳	1	CN30	运行	2009 年 9 月 24 日	2018 年 8 月 8 日	2018 年 8 月 17 日	2018 年 10 月 22 日	AP1000	1 253	3 415	36.69%	3.378 082	97.71	93.18%	89.02%
		2	CN31	运行	2010 年 6 月 20 日	2018 年 9 月 29 日	2018 年 10 月 13 日	2019 年 1 月 9 日	AP1000	1 253	3 415	36.69%	3.221 918	99.36	93.48%	90.52%
	石岛湾	1		建造					CAP1400	1 500	4 058	36.96%				
		2		建造					CAP1400	1 500	4 058	36.96%				
		1	CN44	运行	2012 年 12 月 9 日	2021 年 9 月 12 日	2021 年 12 月 20 日		HTR-PM	211	500	42.20%	0.032 877	0.03		4.94%
浙江	三澳	1		建造	2020 年 12 月 31 日				华龙一号	1 210	3 180	38.05%				
		2		建造	2021 年 12 月 30 日				华龙一号	1 210	3 180	38.05%				
	秦山	1	CN01	运行	1985 年 3 月 20 日	1991 年 10 月 31 日	1991 年 12 月 15 日	1994 年 4 月 1 日	CNP300	330	966	34.16%	30.068 49	27.45	90.72%	94.96%
	秦山第二核电厂	1	CN04	运行	1996 年 6 月 2 日	2001 年 11 月 15 日	2002 年 2 月 6 日	2002 年 4 月 15 日	CNP650	650	1 930	33.68%	19.915 07	53.41	92.15%	93.80%
		2	CN05	运行	1997 年 4 月 1 日	2004 年 2 月 25 日	2004 年 3 月 11 日	2004 年 5 月 3 日	CNP650	650	1 930	33.68%	17.821 92	57.73	99.91%	101.39%

续表

地理位置	核电厂名称	机组号	代码/编号	当前状态	FCD 日期	首临界日期	并网日期	商运日期	反应堆堆型	装机容量/MW	热功率/MW	发电效率	截至 2021 年底累计运行堆年	2021 年实际发电量/亿 kWh	2021 年核电机组平均能力因子	2021 年核电机组平均负荷因子
浙江	秦山第二核电厂	3	CN14	运行	2006 年 4 月 28 日	2010 年 7 月 13 日	2010 年 8 月 1 日	2010 年 10 月 5 日	CNP650	660	1 930	34.20%	11.427 4	51.06	88.18%	88.31%
		4	CN15	运行	2007 年 1 月 28 日	2011 年 11 月 17 日	2011 年 11 月 25 日	2011 年 12 月 30 日	CNP650	660	1 930	34.20%	10.109 59	52.09	89.13%	90.10%
	秦山第三核电厂	1	CN08	运行	1998 年 6 月 8 日	2002 年 9 月 21 日	2002 年 11 月 19 日	2002 年 12 月 31 日	CANDU700	728	2 064	35.27%	19.131 51	54.87	89.52%	86.04%
		2	CN09	运行	1998 年 9 月 25 日	2003 年 1 月 18 日	2003 年 6 月 12 日	2003 年 7 月 24 日	CANDU700	728	2 064	35.27%	18.569 86	60.84	98.61%	95.40%
	方家山	1	CN24	运行	2008 年 12 月 26 日	2014 年 10 月 21 日	2014 年 11 月 4 日	2014 年 12 月 15 日	M310 翻版加改进型	1 089	2 905	37.49%	7.164 384	94.3	99.87%	98.85%
		2	CN25	运行	2009 年 7 月 17 日	2014 年 12 月 25 日	2015 年 1 月 12 日	2015 年 2 月 12 日	M310 翻版加改进型	1 089	2 905	37.49%	6.975 342	81.18	88.14%	85.10%
	三门	1	CN28	运行	2009 年 4 月 19 日	2018 年 6 月 21 日	2018 年 6 月 30 日	2018 年 9 月 21 日	AP1000	1 251	3 400	36.79%	3.509 589	101.3	93.94%	92.44%
		2	CN29	运行	2009 年 12 月 15 日	2018 年 8 月 17 日	2018 年 8 月 24 日	2018 年 11 月 5 日	AP1000	1 251	3 400	36.79%	3.358 904	98.51	91.54%	89.89%

注：

1. 核电机组负荷因子等于核电机组在统计期内的实际发电量除以机组装机容量参考发电量。
2. 在建核电机组指获得国家核安全局颁发的建造许可证，未取得运行许可证的机组。
3. 文中相关数据来源于国家统计局、中国电力企业联合会、核能行业协会、地方统计局和国际原子能机构（IAEA）。

装机容量 12 626 MW 发展到如今 53 台机组、额定装机容量 54 646.95 MW。浙江秦山核电基地机组数量最多（9 台），福清核电基地额定装机容量最大（6 678 MW），石岛湾核电基地额定装机容量最小（211 MW）。近 10 年在运核电机组总装机容量发展趋势如图 2 所示。

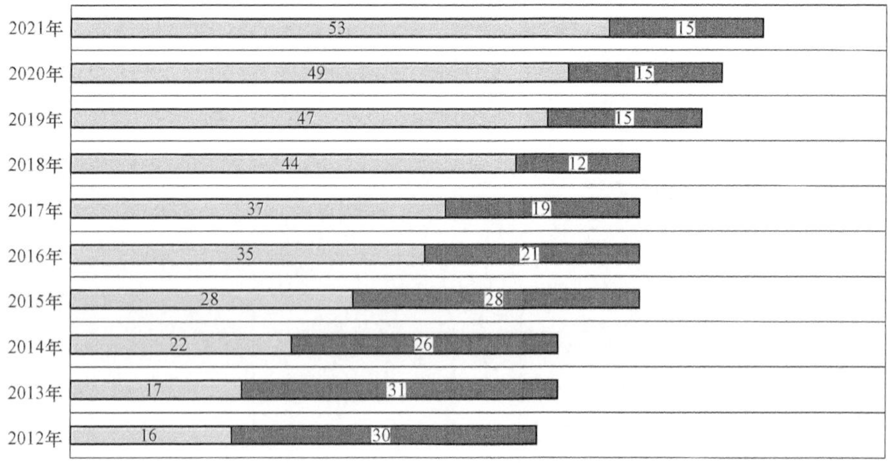

图 1　我国近 10 年核电机组数量统计

图 2　我国近 10 年核电总装机容量

3. 核能发电占全国累计发电量比例

2012 年至今，我国核电机组发电量维持高增长，发电量占比持续提升。2021 年，核电累计发电量为 4 071.38 亿 kWh，同比上升 11.17%，占全国发电量的 5.02%。

2021 年，我国核电机组核能发电量前五的核电厂分别为：阳江核电厂（12.85%）、田湾核电厂（11.92%）、福清核电厂（10.42%）、红沿河核电厂（9.73%）和宁德核电厂（8.67%）。

2021 年，在核电厂分布的全国 8 个省份中，广东省核电机组发电量最多，为 1 204.1 亿 kWh。福建省核能发电量占比最高，为 27.67%，海南次之，山东省最少，仅为 3.39%。

近 10 年，我国核能发电量占比发展趋势如图 3 所示。

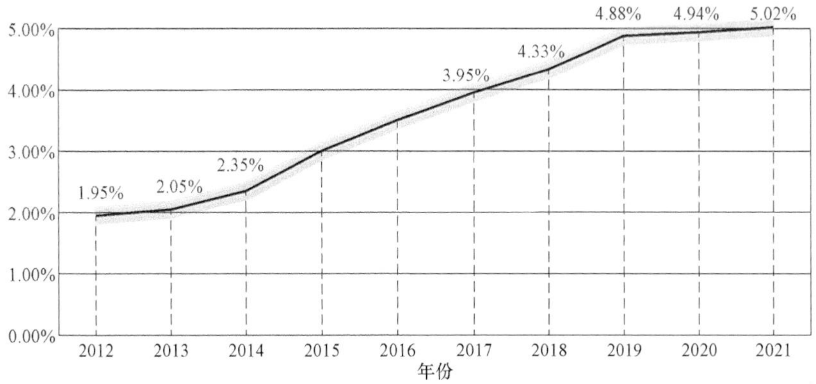

图 3 我国近 10 年我国核能发电占全国累计发电量比例

4. 核电堆型

截至 2021 年年底，我国在建和商运核电机组型号共有 13 种，M310 翻版加改进型机组数量最多，共计 22 台，CNP300 和 HTR-PM 最少，均为 1 台。其中 M310、AP1000、ACPR1000、VVER1000、VVER1200、CAP1400、M310 翻版加改进型和“华龙一号”均为百万千瓦级核电机组，总数为 58 台，占我国核电机组总数的 85.3%。我国商用核电以压水堆为主，仅 CANDU 700 为重水堆、HTR-PM 为高温气冷堆。2021 年我国核电堆型统计情况如图 4 所示。

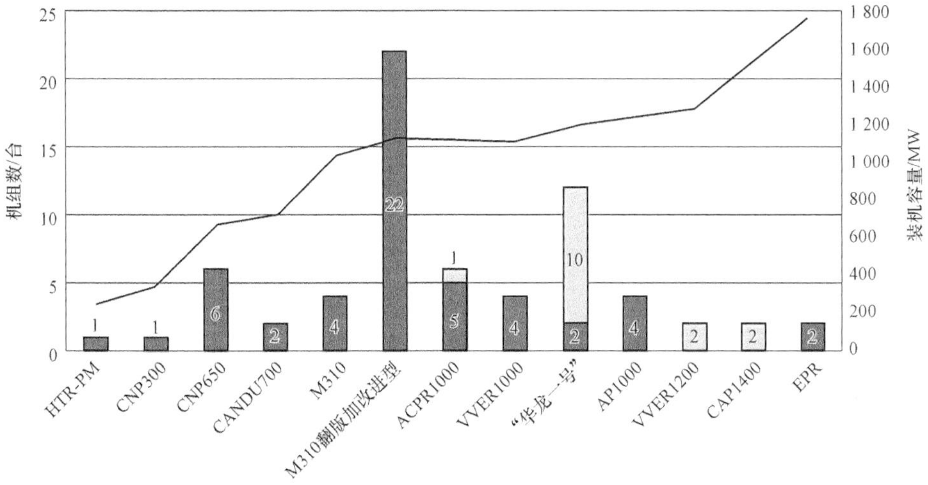

图 4 2021 年我国核电堆型数量统计

第三节　安全情况

1. 运行事件

2021 年，我国运行核电厂共报告运行事件 27 起，其中 27 起皆为 INES 0 级事件。具体情况见表 2。

表 2　2021 年核电厂运行事件清单

序号	发生时间	事件名称	原因分类	分级
1	2021 年 07 月 20 日	秦山第二核电厂 1 号机组一环路热段温度计 1RCP028MT 未能在要求时间内完全修复	设备	0
2	2021 年 11 月 25 日	秦山第二核电厂 4 号机组 4KRT019MA 仪表触发报警并联锁启动主控室空调系统碘过滤回路	设备	0
3	2021 年 07 月 14 日	大亚湾核电厂 1 号机组电机电源线接反，导致电气厂房通风系统 B 列排风机不可用时间超过运行技术规范要求的检修期限	人因	0
4	2021 年 01 月 19 日	岭澳核电厂应急柴油机厂房消防泡沫液检验不合格，导致设备不可用时间超过运行技术规范要求的检修期限	设备、管理	0
5	2021 年 03 月 31 日	岭澳核电厂 1 号机组一列低压安注泵继电器不可用超过后撤时间	人因	0
6	2021 年 03 月 09 日	田湾核电厂 2 号机冷却过程中 2 号蒸汽发生器触发 CD11 信号	设备	0
7	2021 年 05 月 12 日	田湾核电厂 6M2GRE004VV 异常开启，导致蒸汽发生器高液位，触发机组停机停堆	设备	0
8	2021 年 07 月 08 日	田湾核电厂 5M1KRT018MA（监测主控室空气 γ 剂量率）发生一二超阈值报警	其他	0
9	2021 年 08 月 27 日	田湾核电厂 6 号机组控制室进风空气 γ 剂量率监测仪表故障，联锁启动主控室空调系统应急过滤管路	设备	0
10	2021 年 10 月 19 日	田湾核电厂 1 号机出现 AA17 跳堆信号，反应堆保护停堆	设备	0
11	2021 年 11 月 04 日	田湾核电厂 1BBC 母线瞬切试验时，1BCA00GS002 联动合闸失败，导致 1BBC 母线瞬切试验失败	设备	0
12	2021 年 11 月 25 日	红沿河核电厂 2 号机组执行 T2LHQ001 试验时，主控操纵员误操作导致应急柴油机 H2LHP001AP 意外启动并带载	人因	0
13	2021 年 05 月 03 日	宁德核电厂 4 号机组乏燃料水池一个表面辐射剂量监测仪表不可用时间超出运行技术规范要求	人因	0
14	2021 年 11 月 18 日	宁德核电厂 1 号机组废液排放系统流量监测仪表显示偏低，导致正常排放意外中止	设备	0
15	2021 年 01 月 16 日	福清核电厂 5 号机组执行停机不停堆试验时触发反应堆停堆	设备	0
16	2021 年 02 月 20 日	福清核电厂 3 号机组厂变 A 有载调压开关保护继电器故障，导致停机停堆	设备	0

续表

序号	发生时间	事件名称	原因分类	分级
17	2021 年 06 月 02 日	福清核电厂 5 号机组电厂辐射监测系统仪表故障，联锁启动主控室空调系统应急过滤管路	设备	0
18	2021 年 01 月 06 日	阳江核电厂大修期间电气系统在线活动不规范，导致 220V 交流重要负荷电源系统变压器供电回路不可用	人因	0
19	2021 年 08 月 23 日	海阳核电厂 2 号机组反应堆冷却剂泵 2B 停运，导致反应堆冷却剂热段流量低 2，触发反应堆自动停堆	设备	0
20	2021 年 02 月 21 日	台山核电厂 1 号机组正常功率运行期间一台主泵跳闸，导致反应堆自动停堆	人因	0
21	2021 年 04 月 05 日	台山核电厂 1 号机组废气处理系统（TEG）操作期间导致少量气体短时释放	人因	0
22	2021 年 09 月 25 日	高温气冷堆核电站示范工程主控制室可居留系统新风过滤机自动启动	设备	0
23	2021 年 10 月 11 日	高温气冷堆核电站示范工程燃料装卸舱室压力异常上升，导致事故负压排风系统 KLC20 自动启动	设备	0
24	2021 年 10 月 12 日	高温气冷堆核电站示范工程氦净化系统舱室压力异常上升，导致事故负压排风系统自动启动	设备	0
25	2021 年 10 月 16 日	高温气冷堆核电站示范工程核测量系统质量位坏点，导致 1 号反应堆“SR 核功率高≥0.004%”保护动作	设备	0
26	2021 年 11 月 09 日	高温气冷堆核电站示范工程核测量系统质量位坏点，导致 2 号反应堆“MR 核功率高≥1.5%”保护动作	设备	0
27	2021 年 12 月 10 日	高温气冷堆核电站示范工程运行人员误开阀门，引起一回路压力下降快，导致 1 号反应堆保护停堆	人因	0

2010—2021 年，我国核电机组运行事件数量如图 5 所示。

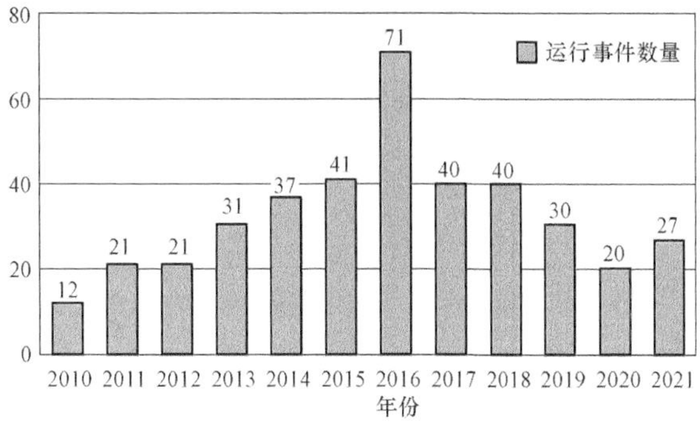

图 5　2010—2021 年我国核电机组运行事件数量

2. 建造事件

2021 年，我国核电机组建造过程中发生的建造事件共计 8 项，具体情况见表 3，其中高温气冷堆核电站示范工程有 3 项，福清核电厂 6 号机组 1 项，昌江核电厂 1 项，防城港核电厂 2 项，漳州核电厂 1 项。

表 3　2021 年度核电厂建造事件汇总表

序号	发生时间	事件名称
1	2021 年 07 月 30 日	福清核电厂 6 号机组核电机核级冷却器解体目视检验超标
2	2021 年 08 月 10 日	昌江核电厂 3 号机组电气厂房筏基 L0006 墙体部分插筋直径与设计不符
3	2021 年 09 月 10 日	防城港核电厂 3、4 号机组功率量程导向筒外围混凝土开槽高度不足
4	2021 年 11 月 15 日	防城港核电厂 3、4 号机组主蒸汽隔离阀阀门进出口连接端尺寸不满足技术规格书要求
5	2021 年 02 月 10 日	漳州核电厂 1 号机组稳压器卸压箱封头裂纹事件
6	2020 年 12 月 27 日	高温气冷堆核电站示范工程吸收球停堆系统驱动机构内腔温度超过技术规范要求
7	2021 年 01 月 09 日	高温气冷堆核电站示范工程 1 号堆余热排出系统空气冷却器换热管破裂
8	2021 年 01 月 22 日	高温气冷堆核电站示范工程反应堆压力容器调整垫板错动事件

2012—2021 年，我国核电机组建造事件数量如图 6 所示。

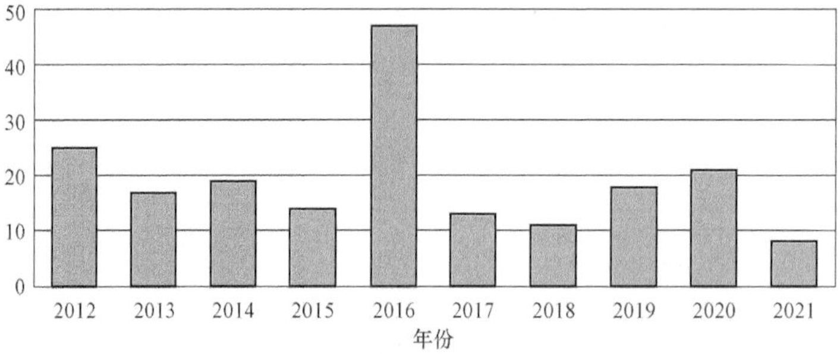

图 6　2012—2021 年我国核电机组建造事件数量

3. 平均负荷因子

近 10 年来我国核电机组平均负荷因子均超过 80%，2013 年机组平均负荷因子达到最高水平，为 90.71%。2013 年后机组平均负荷因子略有下降，最低为 2016 年的 80.57%。2021 年全年核电机组平均运行负荷因子为 88.94%，相较于 2020 年略有提高。总体来说，我国核电机组平均负荷因子比较平稳，如图 7 所示。

4. 集体职业辐射剂量

核电厂运行阶段的生产活动应遵循《电离辐射防护与辐射源安全基本标准》（GB 18871—2002）中关于实践的辐射防护要求，即实践的正当性、剂量限值和最优化。集体剂量和个人剂量作为核电厂管理的重要指标。2021 年，我国核电厂各机组集体职业辐射剂量情况如表 4 所示。

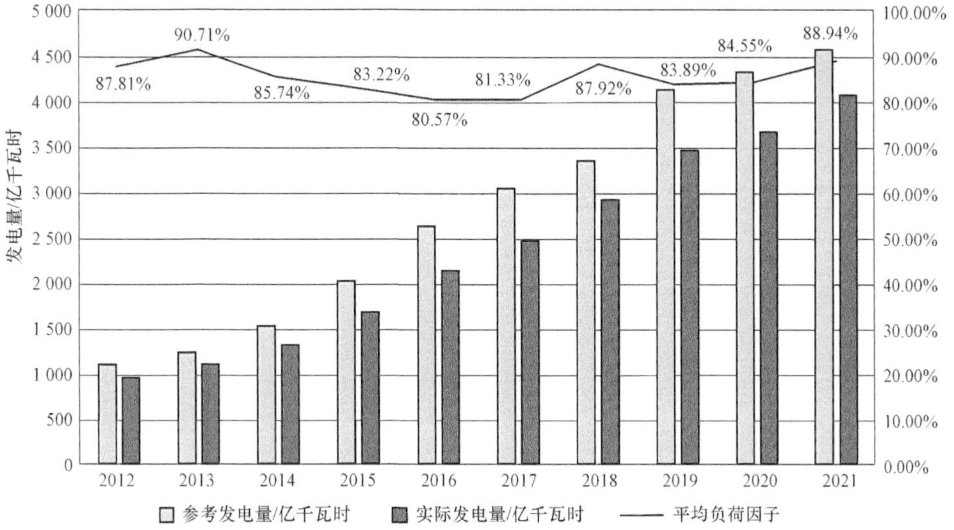

图 7　近 10 年我国核电机组平均负荷因子

表 4　2021 年我国核电厂各机组集体职业辐射剂量

序号	电厂	机组	年人均有效剂量/mSv	年最大个人剂量/mSv	年集体有效剂量/人·Sv	归一化集体有效剂量
1	秦山核电厂	1 号机组	0.165	4.199	0.386	0.141
2	秦山第二核电厂	1、2、3、4 号机组	0.231	6.241	1.003	0.047
3	秦山第三核电厂	1、2 号机组	0.303	8.175	0.889	0.077
4	方家山核电厂	1、2 号机组	0.288	9.244	0.756	0.043
5	大亚湾核电厂	1、2 号机组	0.229	11.854	0.642	0.039
6	岭澳核电厂	1、2 号机组	0.360	11.854	0.946	0.058
7	岭澳核电厂	3、4 号机组	0.552	11.854	1.889	0.121
8	田湾核电厂	1、2 号机组	0.175	3.285	0.673	0.040
9	田湾核电厂	3、4 号机组	0.100	2.170	0.337	0.019
10	田湾核电厂	5、6 号机组	0.144	5.883	0.476	0.035
11	红沿河核电厂	1、2 号机组	0.245	4.066	0.559	0.031
12	红沿河核电厂	3、4 号机组	0.219	4.625	0.550	0.032
13	红沿河核电厂	5 号机组	0.006	0.451	0.009	0.002
14	宁德核电厂	1、2 号机组	0.273	5.182	0.800	0.047
15	宁德核电厂	3、4 号机组	0.134	2.723	0.352	0.019
16	福清核电厂	1、2 号机组	0.210	4.845	0.582	0.035
17	福清核电厂	3、4 号机组	0.102	2.513	0.265	0.016
18	福清核电厂	5 号机组	0.074	0.146	0.211	0.025
19	阳江核电厂	1-6 号机组	0.389	8.831	1.681	0.032
20	昌江核电厂	1、2 号机组	0.173	4.197	0.410	0.042

续表

序号	电厂	机组	年人均有效剂量/mSv	年最大个人剂量/mSv	年集体有效剂量/人·Sv	归一化集体有效剂量
21	防城港核电厂	1、2 号机组	0.200	3.608	0.443	0.024
22	三门核电厂	1、2 号机组	0.259	6.848	0.570	0.029
23	海阳核电厂	1 号机组	0.135	2.803	0.255	0.026
24	海阳核电厂	2 号机组	0.210	3.263	0.328	0.033
25	台山核电厂	1 号机组	0.122	4.425	0.348	0.043
26	台山核电厂	2 号机组	0.181	4.096	0.495	0.043
27	高温气冷堆核电示范工程	—	0.000 244	0.018	0.000 256	0.102

第三章 研究堆和临界装置

第一节 概 况

2021 年，全国共有 20 座民用研究堆（临界装置），其中在役 18 座、退役中 1 座、在建 1 座。在役民用研究堆（临界装置）中，8 座运行（含调试）、4 座长期停堆管理、5 座未开堆运行、1 座停闭管理。

2021 年度研究堆运行情况如表 5 所示。

表 5 2021 年研究堆运行情况

序号	设施名称	设计功率	营运单位	运行情况
1	中国实验快堆	65 MW	中国原子能科学研究院	运行
2	中国先进研究堆	60 MW	中国原子能科学研究院	运行
3	49-2 游泳池式反应堆	3.5 MW	中国原子能科学研究院	运行
4	原型微型中子源反应堆	27 kW	中国原子能科学研究院	运行
5	微堆零功率装置	—	中国原子能科学研究院	未开堆运行
6	氢化锆固态临界装置	—	中国原子能科学研究院	长期停堆
7	DF-VI 快中子临界装置	—	中国原子能科学研究院	长期停堆
8	中试厂核临界安全实验装置	—	中国原子能科学研究院	未开堆运行
9	101 重水研究堆	10 MW	中国原子能科学研究院	退役
10	屏蔽实验反应堆	1 MW	清华大学核能与新能源技术研究院	长期停堆
11	5 MW 低温核供热实验堆	5 MW	清华大学核能与新能源技术研究院	长期停堆
12	10 MW 高温气冷实验堆	10 MW	清华大学核能与新能源技术研究院	未开堆运行
13	高通量工程试验堆	125 MW	中国核动力研究设计院	运行
14	高通量工程试验堆临界装置	—	中国核动力研究设计院	未开堆运行
15	中国脉冲堆	1 MW	中国核动力研究设计院	未开堆运行
16	岷江试验堆	5 MW	中国核动力研究设计院	运行
17	18-5 临界装置	—	中国核动力研究设计院	运行
18	深圳大学微型反应堆	30 kW	深圳大学核技术应用联合研究所	停闭管理
19	医院中子照射器	30 kW	北京凯佰特科技有限公司	运行
20	2 MW 液态燃料钍基熔盐实验堆	2 kW	中国科学院上海应用物理研究所	在建

第二节 安全情况

我国研究堆和临界装置安全运行总体情况良好。

按《研究堆营运单位报告制度》，2021 年全年共报告 6 起运行事件，均未对反应堆厂房外环境造成不良后果。1 座在建民用研究堆安全质量受控，未发生建造事件。2021 年研究堆运行事件如表 6 所示。

表 6 2021 年研究堆运行事件

序号	发生时间	设施名称	事件名称	原因分类	分级
1	2021 年 01 月 08 日	高通量工程试验堆	考验回路破探总 γ 异常升高手动停堆	设备故障	0
2	2021 年 01 月 27 日	中国实验快堆	给水调节阀 F04107 异常动作导致保护停堆事件	设备故障	0
3	2021 年 02 月 10 日	中国实验快堆	1 号给水泵异常停运导致保护停堆事件	设备故障	0
4	2021 年 03 月 03 日	中国实验快堆	一回路钠泵切除导致保护停堆事件	设备故障	0
5	2021 年 08 月 13 日	中国实验快堆	中国实验快堆核测量通道校正不满足技术规格书监督要求事件	管理原因	1
6	2021 年 10 月 13 日	高通量工程试验堆	2 号小回路压力高保护停堆事件	设备故障	0

2021 年，各地区核与辐射安全监督站对研究堆营运单位实施了日常检查、例行检查和非例行检查，投入监督人力 1 917 人 • 天，开展例行检查 11 次、非例行检查 4 次，发现问题 226 个，提出管理要求 64 条。

第四章　核燃料循环设施

第一节　概　况

我国实行闭式核燃料循环政策，拥有完整的核燃料循环体系。截至 2021 年 12 月 31 日，我国主要的民用核燃料生产、加工、贮存设施等共计 21 个。2021 年，核与辐射安全中心对核燃料循环设施营运单位开展审评活动 18 项，包括中核北方核燃料元件有限公司重水堆燃料棒束制造设备改造安全分析报告审评等。

我国主要的民用核燃料生产、加工、贮存设施如表 7 所示。

表 7　我国主要的民用核燃料生产、加工、贮存设施

序号	设施名称	营运单位	主要产品形式	类型	目前状态
1	化工转换干法生产线	中核建中核燃料元件有限公司	UO_2 粉末	元件制造	运行
2	粉末冶金生产线	中核建中核燃料元件有限公司	UO_2 芯块	元件制造	运行
3	燃料元件组装生产线	中核建中核燃料元件有限公司	压水堆核燃料元件	元件制造	运行
4	IDR 工艺研究及装置生产线	中核建中核燃料元件有限公司	UO_2 粉末	元件制造	运行
5	核燃料元件生产线扩建技改工程	中核建中核燃料元件有限公司	压水堆核燃料元件	元件制造	运行
6	重水堆核燃料元件生产线	中核北方核燃料元件有限公司	重水堆核燃料元件	元件制造	运行
7	压水堆核燃料元件生产线	中核北方核燃料元件有限公司	压水堆核燃料元件	元件制造	运行
8	高温气冷堆核电站示范工程燃料元件生产线	中核北方核燃料元件有限公司	高温气冷堆燃料球	元件制造	运行
9	压水堆核电站燃料元件生产线扩建工程	中核北方核燃料元件有限公司	压水堆燃料元件	元件制造	运行
10	AP1000 核电站燃料元件生产线	中核北方核燃料元件有限公司	AP1000 燃料元件	元件制造	运行
11	405-1A 工程	中核陕西铀浓缩有限公司	低富集度 UF_6	铀浓缩	运行
12	四期引进离心工程	中核陕西铀浓缩有限公司	低富集度 UF_6	铀浓缩	运行
13	北区扩建离心工程（一期）	中核陕西铀浓缩有限公司	低富集度 UF_6	铀浓缩	运行

续表

序号	设施名称	营运单位	主要产品形式	类型	目前状态
14	北区扩建离心工程（二期）	中核陕西铀浓缩有限公司	低富集度 UF_6	铀浓缩	运行
15	离心工程	中核兰州铀浓缩有限公司	低富集度 UF_6	铀浓缩	运行
16	国产离心机商用示范工程	中核兰州铀浓缩有限公司	低富集度 UF_6	铀浓缩	运行
17	铀浓缩三期工程	中核兰州铀浓缩有限公司	低富集度 UF_6	铀浓缩	运行
18	铀浓缩四期工程	中核兰州铀浓缩有限公司	低富集度 UF_6	铀浓缩	运行
19	秦山三期乏燃料临时干式贮存设施	中核核电运行管理有限公司	—	乏燃料干式贮存	运行
20	中广核先进燃料研制中心	中广核铀业发展有限公司	压水堆核燃料元件	元件制造	土建
21	中广核研究院热室设施建设项目	中广核研究院有限公司	—	热室	土建

第二节　技术改造

为加强核燃料循环设施安全，全面保障核燃料循环设施稳定安全运行，2021 年营运单位申请的中核北方核燃料元件有限公司高温气冷堆燃料元件生产线部分变更安全分析报告等 10 项安全改造获得批准。近 10 年核安全技术改造数量如图 8 所示。

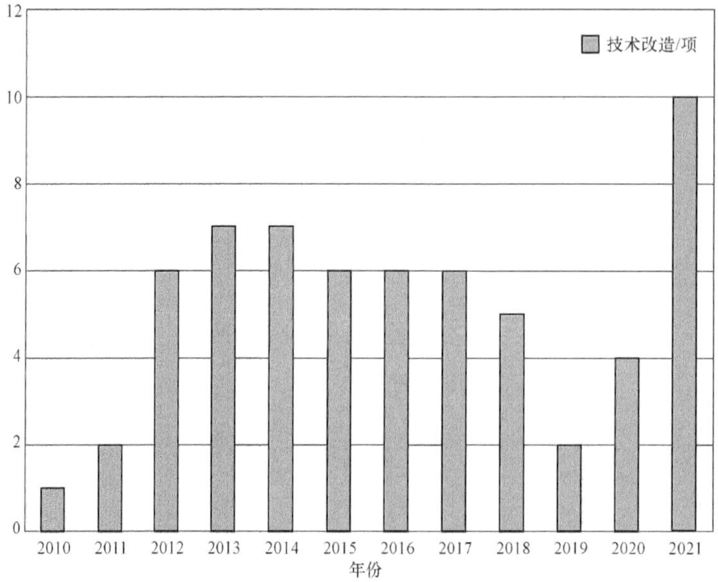

图 8　近 10 年核安全技术改造数量

第三节　安全情况

2021 年，我国在役核燃料生产、加工、干式贮存设施安全运行，继续保持良好的安全记录，在建设施建造质量得到有效控制。核燃料循环设施的核与辐射安全可控，未对工作人员、公众和环境造成不可接受的核与辐射危害。

2021 年，生态环境部（国家核安全局）全年共批复 4 项建设项目环境影响报告书，颁发 2 项建造许可证，批准 7 项核安全技术改造。组织开展对相关核设施安全隐患的监督检查。

2021 年，各地区核与辐射安全监督站对核燃料循环设施营运单位投入监督人力 2 902 人・天，开展例行检查 17 次，发现问题 293 个，提出管理要求 180 条。

第五章　铀矿和伴生放射性矿

2021 年，生态环境部（国家核安全局）对陕西省商南县光石沟铀矿床详查 5 000 吨堆浸工业试验项目退役治理工程变动等 21 个铀矿冶及铀地质勘探项目进行了环评审批，核与辐射安全中心开展相应审评活动 14 项。具体见表 8。

表 8　2021 年铀矿冶辐射环境监管领域的行政审批事项

日期	批准文号	文件名称
2021 年 01 月 19 日	环审〔2021〕3 号	关于陕西省商南县光石沟铀矿床详查 5 000 吨堆浸工业试验项目退役治理工程变动环境影响报告书的批复
2021 年 01 月 19 日	环审〔2021〕4 号	关于中核韶关锦原铀业有限公司 745 矿退役治理Ⅱ期工程环境影响报告书的批复
2021 年 01 月 19 日	环审〔2021〕5 号	关于黄泥湖矿点（含大雒围矿点）退役治理工程环境影响报告书的批复
2021 年 05 月 22 日	环审〔2021〕41 号	关于巴彦乌拉铀矿床巴润矿段地浸采铀工业性试验环境影响报告表的批复
2021 年 05 月 22 日	环审〔2021〕42 号	关于通辽宝龙山铀矿重点地段水文地质勘察环境影响报告表的批复
2021 年 05 月 22 日	环审〔2021〕43 号	关于 2021—2023 年钱家店铀矿床勘查环境影响报告表的批复
2021 年 07 月 21 日	环审〔2021〕60 号	关于内蒙古中部热液型铀矿资源调查评价与勘查等 12 个项目环境影响报告表的批复
2021 年 08 月 21 日	环审〔2021〕70 号	关于辽宁省本溪县连山关地区铀矿勘探工程环境影响报告表的批复
2021 年 09 月 21 日	环审〔2021〕85 号	关于内蒙古呼伦贝尔市海拉尔地区铀矿资源调查评价等 2 个项目环境影响报告表的批复

按照《关于开展核与辐射安全隐患排查工作的通知》（环办核设函〔2020〕215 号）文件要求，编制 3 年监督检查方案，组织各地区核与辐射安全监督站对铀矿冶设施开展监督检查。组织对中国铀业有限公司和辽宁省首钢硼铁有限责任公司 2020 年度流出物和环境监测总结报告开展技术审查，印发审查意见并督促企业进行整改。组织各省建立伴生放射性矿企业名录，对企业自行监测及信息公开等工作开展审查。汇总整理各省、自治区、直辖市生态环境厅（局）发布的伴生放射性矿开发利用企业名录，发布《2020 年全国伴生放射性矿开发利用企业名录》（公告 2021 年第 28 号），同时抄送海关总署。

2021 年，生态环境部辐射源安全监管司组织建设完成铀矿冶监管信息系统，并发函要求各铀矿冶企业按期联网报送企业环境监测方案和环境监测报告，进一步规范了铀矿冶企业环境监测及信息报送工作。2021 年，各地区监督站从环境应急预案制修订、应急能力及维持情况、废水处理设施运行及排放情况、环境监测能力及开展情况、汛期安全准备情况以及其他安全隐患排查和处理情况等方面对 23 个铀矿冶单位，87 个铀矿冶设施开展安全隐患排查，共发现问题 105 个。环境监测不规范、退役治理进展缓慢、长期监护不力等问题相对集中，针对发现的问题，各监督站均提出了整改要求。对于关停退役和长期监护方面发现的突出问题，我局已发函通报国防科工局和中国铀业公司，并协调推动解决。

第六章　放射性废物处理、贮存和处置设施

第一节　概　况

放射性废物管理设施包括放射性废物处理设施、贮存设施和处置设施，放射性废物处理、贮存设施分为核电厂及核燃料循环设施配套建设的处理、贮存设施和独立的处理、贮存设施。截至 2021 年 12 月 31 日，我国已建成运行的核电厂配套的放射性废物处理设施 36 个，贮存设施 34 个；核燃料循环设施配套的放射性废物处理设施 9 个，贮存设施 5 个；研究堆配套的放射性废物处理设施 9 个，贮存设施 5 个；独立的放射性废物贮存设施 1 个，放射性废物近地表处置设施 3 个。

第二节　运行情况

（1）核电厂配套的放射性废物处理和贮存设施

核电厂配套的放射性废物处理和贮存设施见表 9、表 10。

表 9　核电厂配套的放射性废物处理设施

序号	设施名称	所属电厂	投运时间/年份
1	22 号固化厂房	秦山核电厂	1991
2	9TES 水泥固化线	方家山核电厂	2014
3	废物处理辅助厂房（QS）	方家山核电厂	2014
4	9TES 水泥固化线	秦山第二核电厂	2002
5	8TES 水泥固化线	秦山第二核电厂	2002
6	废物处理辅助厂房（QS）	福清核电厂	2014
7	固体废物处理系统（TES）	福清核电厂	2014
8	1 号机组固体废物处理系统（1KPA）	田湾核电厂	2007
9	2 号机组固体废物处理系统（2KPA）	田湾核电厂	2007

续表

序号	设施名称	所属电厂	投运时间/年份
10	1 号机组液体废物水泥固化系统（1KPC）	田湾核电厂	2007
11	2 号机组液体废物水泥固化系统（2KPC）	田湾核电厂	2007
12	可降解废物处理系统（2KPW）	田湾核电厂	2020
13	放射性废物处理中心（T4UKT）	田湾核电厂	2018
14	5、6 号机组固体废物处理系统（TES）	田湾核电厂	2020
15	QS 厂房压实打包装置	昌江核电厂	2015
16	NX 厂房（TES 部分）	昌江核电厂	2015
17	TES（NX）	大亚湾核电厂	1994
18	TES（DQS）	大亚湾核电厂	1994
19	TES（NX）	岭澳核电厂一期	2002
20	TES（LQS）	岭澳核电厂一期	2002
21	TES（NX）	岭澳核电厂二期	2013
22	8NX 厂房 TES 固化系统	红沿河核电厂	2014
23	9NX 厂房 TES 固化系统	红沿河核电厂	2012
24	水泥固化设施（9TES1&9TES3）	宁德核电厂	2013
25	水泥固化设施（8TES1&8TES3）	宁德核电厂	2014
26	分拣压缩设施（0TES2）QS 厂房	宁德核电厂	2013
27	9TES	阳江核电厂	2013
28	8TES	阳江核电厂	2015
29	7TES 系统	阳江核电厂	2018
30	0TES	阳江核电厂	2013
31	放射性固废处理系统 TES（NX）	防城港核电厂	2015
32	放射性固废处理系统 TES（QS）	防城港核电厂	2015
33	厂址放射性废物处理设施（SRTF）	海阳核电厂	2018
34	9HQB 厂房（放射性废物处理厂房）	台山核电厂	2018
35	1/2HNX 厂房（核辅助厂房）	台山核电厂	2018
36	厂址废物处理设施（SRTF）	三门核电厂	2018

表 10　核电厂配套的放射性废物贮存设施

序号	设施名称	所属电厂	投运时间/年份
1	21 号中低放废物库	秦山核电厂	1991
2	24 号固化物库	秦山核电厂	1991
3	废物暂存库（QT）	方家山核电厂	2014
4	放射性废油库（QR）	方家山核电厂	2014

续表

序号	设施名称	所属电厂	投运时间/年份
5	放射性固体废物暂存库（QT）	秦山第二核电厂	2002
6	新放射性固体废物暂存库（5QT）	秦山第二核电厂	2011
7	放射性废油暂存库（5QT2）	秦山第二核电厂	2002
8	放射性废物暂存库	秦山第三核电厂	2002
9	固体废物暂存库（QT）	福清核电厂	2014
10	放射性废油暂存库（QR）	福清核电厂	2014
11	11UKT 技术废物贮存库	田湾核电厂	2007
12	21UKT 技术废物贮存库	田湾核电厂	2007
13	91UKT 水泥固化体暂存库	田湾核电厂	2007
14	31UKT 放射性废物贮存库	田湾核电厂	2018
15	41UKT 放射性废物贮存库	田湾核电厂	2018
16	T1UKT 放射性废物贮存库	田湾核电厂	2018
17	T2UKT 废中子通量与温度测量通道暂存库	田湾核电厂	2018
18	QT 厂房	田湾核电厂	2020
19	QR 厂房	田湾核电厂	2020
20	QT 厂房放射性固体废物暂存库	昌江核电厂	2015
21	固体废物贮存库（DQT）	大亚湾核电厂	1994
22	固体废物贮存库（KQT）	岭澳核电厂二期	2011
23	暂存库（QT）	宁德核电厂	2013
24	HQS 厂房	红沿河核电厂	2014
25	HQT 厂房	红沿河核电厂	2014
26	废油贮存库（QR）	宁德核电厂	2013
27	放射性废溶剂暂存厂房（QV）	宁德核电厂	2020
28	0QS 厂房	阳江核电厂	2013
29	0QR 厂房	阳江核电厂	2014
30	0QV 厂房	阳江核电厂	2013
31	固体废物贮存库（QT）	防城港核电厂	2016
32	9HQS 厂房（放射性固体废物储存厂房）	台山核电厂	2018
33	9HQR 厂房（放射性废油储存库）	台山核电厂	2018
34	9HQV 厂房（放射性废溶剂储存库）	台山核电厂	2018

（2）核燃料循环设施配套的放射性废物处理和贮存设施

核燃料循环设施配套的放射性废物处理和贮存设施见表 11、表 12。

表 11 核燃料循环设施配套的放射性废物处理设施

序号	设施名称	营运单位
1	放射性废水处理设施	中核陕西铀浓缩有限公司
2	排风系统	中核陕西铀浓缩有限公司
3	放射性废水处理设施	中核兰州铀浓缩有限公司
4	排风系统	中核兰州铀浓缩有限公司
5	放射性废水处理设施	中核北方核燃料元件有限公司
6	排风中心	中核北方核燃料元件有限公司
7	放射性废水处理设施	中核建中核燃料元件有限公司
8	废物处理整备设施	中核建中核燃料元件有限公司
9	排风中心	中核建中核燃料元件有限公司

表 12 核燃料循环配套的放射性废物贮存设施

序号	设施名称	营运单位
1	放射性废水暂存池	中核陕西铀浓缩有限公司
2	放射性固体废物暂存库	中核陕西铀浓缩有限公司
3	放射性固体废物暂存库	中核兰州铀浓缩有限公司
4	含铀废物暂存库	中核北方核燃料元件有限公司
5	含铀废物暂存库	中核建中核燃料元件有限公司

（3）研究堆配套的放射性废物处理和贮存设施

研究堆配套的放射性废物处理和贮存设施见表 13、表 14。

表 13 研究堆配套的放射性废物处理设施

序号	设施名称	营运单位
1	废水处理车间	中国原子能科学研究院
2	固体废物整备设施	中国原子能科学研究院
3	废水处理系统	清华大学
4	水泥固化系统	清华大学
5	压缩打包机	清华大学
6	放射性废液处理车间	中国核动力研究设计院
7	水泥固化车间	中国核动力研究设计院
8	整备工段	中国核动力研究设计院
9	压缩工段	中国核动力研究设计院

表 14　研究堆配套的放射性废物贮存设施

序号	设施名称	营运单位
1	废水暂存库	中国原子能科学研究院
2	固体废物暂存库	中国原子能科学研究院
3	废物暂存库	清华大学
4	暂存库	中国核动力研究设计院
5	暂存工段	中国核动力研究设计院

（4）独立的放射性废物贮存设施

独立的放射性废物贮存设施见表 15。

表 15　独立的放射性废物贮存设施

序号	设施名称	投运时间/年份	设计容量/m^3	使用容量/m^3
1	甘肃东方瑞龙环境治理有限公司 低放废物贮存库	2019	5 000	3 996.4

（5）放射性废物近地表处置设施

放射性废物近地表处置设施见表 16，废物体积量见图 9、图 10。

表 16　放射性废物处置场

序号	设施名称	营运单位	废物量（2021 年）		
			废物包/个	总体积/m^3	总活度/Bq
1	西北低、中放固体废物处置场	中核清原公司	66 086	27 708.29	6.51×10^{14}
2	广东低、中放固体废物北龙处置场	广东大亚湾核电 环保公司	22 740	2 526.44	7.95×10^{13}
3	飞凤山低、中放固体废物处置场	中核清原公司	785 744	35 005.38	1.89×10^{15}

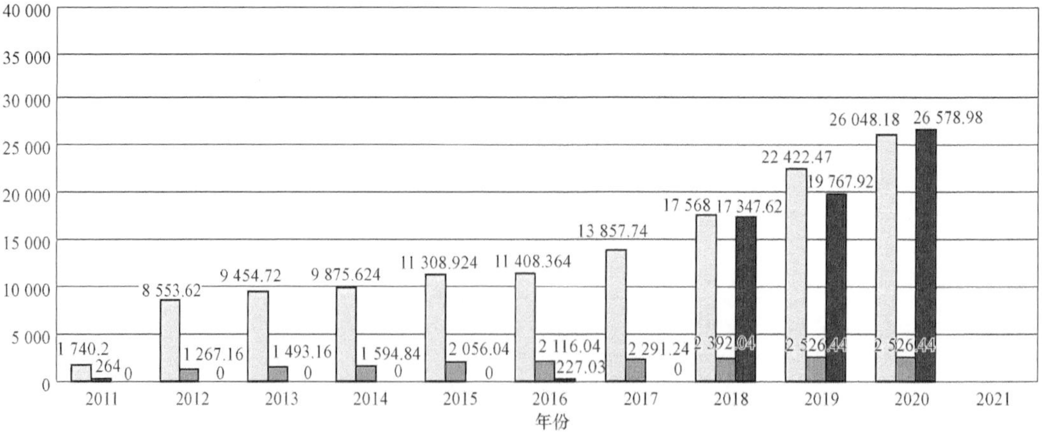

图 9　历年放射性废物处置设施处置废物体积量

□ 西北低、中放废物处置场　■ 广东低、中放废物处置场　■ 飞凤山低、中放固体废物处置场

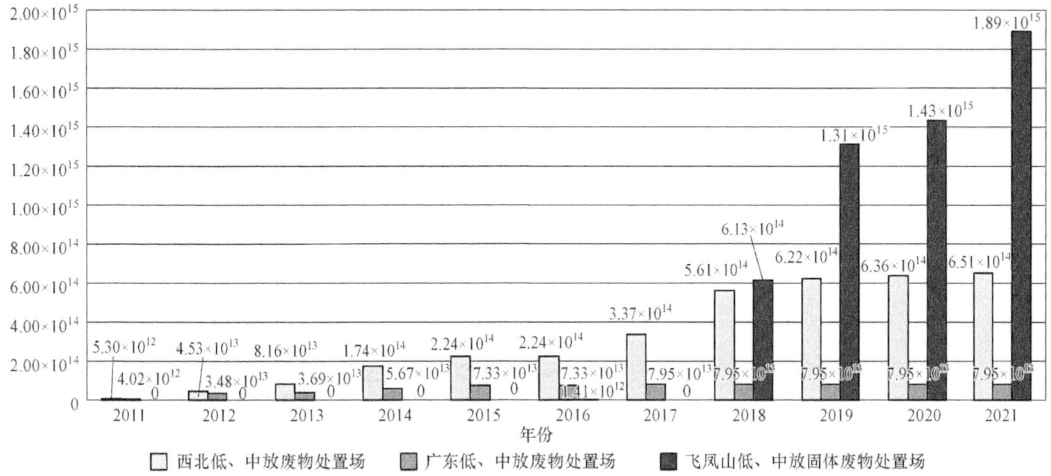

图 10　历年放射性废物处置设施处置废物活度

第七章　核技术利用

第一节　核技术利用辐射安全监管现状

1. 核技术利用单位监管情况

截至 2021 年年底，全国从事生产、销售、使用放射性同位素和射线装置的单位共 92 453 家，其中生产、销售、使用放射性同位素的单位 9 618 家，仅生产、销售、使用射线装置的单位共有 82 835 家。

2. 放射源监管情况

全国在用放射源 156 539 枚，其中Ⅰ类放射源 15 624 枚，Ⅱ类放射源 17 735 枚，Ⅲ类放射源 1 861 枚，其他放射源 120 979 枚。各省、自治区、直辖市城市放射性废物库收贮废旧放射源 58 672 枚，已转运或收贮至国家废放射源集中贮存库及由生产厂家回收的废旧放射源共 150 936 枚。2021 年，17 102 枚废旧放射源经整备后送交处置场完成最终处置。

3. 射线装置监管情况

全国在用射线装置总数为 229 002 台，其中Ⅰ类射线装置 25 台，Ⅱ类射线装置 32 496 台，Ⅲ类射线装置 196 483 台。

第二节　核技术利用辐射安全监管活动

2021 年生态环境部共审批发放放射源和非密封放射性物质（含放射性药品及其原料）进出口审批表 2 488 份，其中放射源进口、出口审批表分别为 1 266 份和 774 份；总计进口放射源 9 187 枚，出口放射源 2 082 枚。进口非密封放射性物质总活度 1.67×10^{16} Bq，出口非密封放射性物质总活度 3.71×10^{16} Bq。

第八章　放射性物品运输

第一节　法规标准制修订情况

2021 年生态环境部（国家核安全局）进一步完善放射性物品运输监管法规体系，发布了生态环境标准《乏燃料运输容器结构分析的载荷组合和设计准则》（GB/T 41024—2021）和《放射性物品运输核与辐射安全分析报告书格式和内容》（HJ 1187—2021）。完成了《放射性物品安全运输货包的泄漏检验》《放射性物品运输容器防脆性断裂的安全设计指南》《钢制乏燃料运输容器制造通用技术要求》三个标准的征求意见工作。

第二节　运输容器情况

1. 一类放射性物品运输设计、制造和使用情况统计

截至 2021 年 12 月底，我国共有 33 个型号的一类放射性物品运输容器取得设计批准书。容器设计单位有 9 家，分别是中国核电工程有限公司、中国辐射防护研究院、中国核动力研究设计院、成都中核高通同位素股份有限公司、中国原子能科学研究院、中核新能核工业工程有限责任公司、上海核工程研究设计院有限公司、中核第七研究设计院有限公司和中广核研究院有限公司。容器设计的详细信息见表 17。容器制造单位有 9 家，分别是中国原子能科学研究院、西安核设备有限公司、中国核动力研究设计院、大连宝原核设备有限公司、四川科新机电股份有限公司、上海阿波罗机械股份有限公司、中核嘉华设备制造股份有限公司、南通中集能源装备有限公司、中核兰州铀浓缩有限公司制造单位。各制造单位持有制造许可证的情况见表 18。自《放射性物品运输安全管理条例》（以下简称《条例》）实施以来，共有 1 510 台一类放射性物品运输容器取得制造编码。

表 17　持有一类放射性物品运输容器设计批准书的情况统计表

序号	设计批准编号	运输容器名称	持有者	颁发日期	设计批准书有效期	备注
1	CN/001/B（U）F-96（NNSA）（Rev.2）	RY-IA 型乏燃料包装容器	中国核电工程有限公司	2009 年 2 月 1 日 2011 年 12 月 1 日	2012 年 1 月 31 日 2016 年 11 月 30 日	延续申请
2	CN/006/B（U）F-96（NNSA）（Rev.1）	RY-IB 型乏燃料运输容器	中国核电工程有限公司	2009 年 2 月 1 日 2011 年 12 月 1 日	2012 年 1 月 31 日 2016 年 11 月 30 日	延续申请
3	CN/007/B（U）-96（Rve.1）（NNSA）	GW-01 型钴-60 放射性源运输货包	中国辐射防护研究院	2007 年 7 月 11 日 2011 年 12 月 9 日	2010 年 7 月 10 日 2016 年 12 月 31 日	延续申请
4	CN/008/B（U）F-96（NNSA）（Rev.1）	RY-IC1 型乏燃料运输容器	中国核电工程有限公司	2009 年 2 月 01 日 2011 年 12 月 1 日	2012 年 1 月 31 日 2016 年 11 月 30 日	延续申请
5	CN/009/B（U）-96（Rve.0）（NNSA）	GW-02 型钴-60 放射性源储运货包	中国核动力研究设计院	2007 年 7 月 11 日 2011 年 12 月 9 日	2010 年 7 月 10 日 2016 年 12 月 31 日	延续申请
6	CN/010/B（U）-96（NNSA）	FCo70-YQ 医用放射源包装容器	中国核动力研究设计院	2007 年 7 月 11 日 2011 年 12 月 9 日	2010 年 7 月 10 日 2016 年 12 月 31 日	延续申请
7	CN/011/B（U）-96（NNSA）	GNS 钴-60 γ 刀医用放射源包装容器	成都中核高通同位素股份有限公司	2008 年 12 月 19 日	2013 年 12 月 18 日	
8	CN/012/B（U）-96（NNSA）	IRS-Ⅰ钴-60 辐照用放射源包装容器	成都中核高通同位素股份有限公司	2008 年 12 月 19 日	2013 年 12 月 18 日	
9	CN/013/B（U）-96（NNSA）	IRS-Ⅱ钴-60 辐照用放射源包装容器	成都中核高通同位素股份有限公司	2008 年 12 月 19 日	2013 年 12 月 18 日	
10	CN/014/B（U）-96（NNSA）	RY-ID 型乏燃料运输容器	中国核电工程有限公司	2009 年 3 月 26 日	2014 年 3 月 28 日	
11	CN/015/B（U）-96（NNSA）	RY-ID Ⅰ型乏燃料运输容器	中国核电工程有限公司	2009 年 3 月 26 日	2014 年 3 月 28 日	
12	CN/016/B（U）-96（NNSA）（Rev.1）	GY-20 钴-60 包装容器	中国核电工程有限公司	2009 年 6 月 25 日 2015 年 1 月 22 日	2014 年 3 月 28 日 2020 年 1 月 31 日	延续申请
13	CN/017/B（U）-96（NNSA）（Rev.1）	GY-40 钴-60 包装容器	中国核电工程有限公司	2009 年 6 月 25 日 2015 年 1 月 22 日	2014 年 6 月 25 日 2020 年 1 月 31 日	延续申请
14	CN/020/B（U）-96（NNSA）	XAYT-Ⅰ型运输容器	中国辐射防护研究院	2011 年 10 月 31 日 2016 年 11 月 9 日	2016 年 10 月 31 日 2021 年 11 月 30 日	首次延续
15	CN/021/B（U）-96（NNSA）	SY-Ⅰ型运输容器	中国辐射防护研究院	2011 年 10 月 31 日 2016 年 10 月 11 日 2018 年 7 月 11 日	2016 年 10 月 31 日 2021 年 10 月 31 日 2023 年 6 月 30 日	首次延续变更
16	CN/022/A（F）-96（NNSA）	CNFC-3G 新燃料运输容器	中国核电工程有限公司	2011 年 10 月 31 日 2016 年 11 月 3 日	2016 年 10 月 31 日 2021 年 10 月 31 日	首次延续
17	CN/027/B（U）F-96（NNSA）	RY-IE 型乏燃料运输容器	中国核电工程有限公司	2012 年 6 月 25 日	2017 年 6 月 30 日	首次申请
18	CN/028/B（U）F-96（NNSA）	RY-IG 型乏燃料运输容器	中国核电工程有限公司	2012 年 8 月 13 日	2017 年 8 月 31 日	首次申请
19	CN/029/B（U）F-96（NNSA）	RY-IG Ⅰ型乏燃料运输容器	中国核电工程有限公司	2012 年 8 月 13 日	2017 年 8 月 31 日	首次申请
20	CN/037/B（U）-96（NNSA）	ZHQY-QG-001 运输容器	中国辐射防护研究院	2014 年 9 月 25 日	2019 年 9 月 30 日	首次申请

续表

序号	设计批准编号	运输容器名称	持有者	颁发日期	设计批准书有效期	备注
21	CN/040/B（U）F-96（NNSA）	BQH-20 球墨铸铁乏燃料运输容器	中国核电工程有限公司	2014 年 4 月	2019 年 4 月 30 日	首次申请
22	CN/045/B（U）-96（NNSA）	SY-Ⅰ（A）运输容器	中国辐射防护研究院	2014 年 9 月 25 日 2019 年 8 月 16 日	2019 年 9 月 30 日 2024 年 7 月 31 日	首次 延续
23	CN/046/B（U）-96（NNSA）	FCTC10 放射源运输容器	中国辐射防护研究院	2014 年 9 月 25 日 2019 年 8 月 16 日	2019 年 9 月 30 日 2024 年 7 月 31 日	首次 延续
24	CN/051/AF-96（NNSA）（NNSA-Ⅰ）	CNFC-HTR 新燃料运输容器	中国核电工程有限公司	2016 年 5 月 20 日 2021 年 2 月 9 日	2021 年 4 月 30 日 2026 年 2 月 28 日	首次 延续
25	CN/056/B（U）F-96（NNSA）	CEFR-MOX-N01 新燃料运输容器	中国原子能科学研究院	2017 年 11 月 8 日	2022 年 10 月 31 日	首次申请
26	CN/057/H（U）-96（NNSA）	XN3000 六氟化铀运输容器	中核新能核工业工程有限责任公司	2017 年 11 月 14 日	2022 年 10 月 31 日	首次申请
27	CN/058/B（U）F-96（NNSA）	CNSC 乏燃料运输容器	中国核电工程有限公司	2017 年 11 月 14 日	2022 年 10 月 31 日	首次申请
28	CN/059/AF-96（NNSA）	STC-NF1A 新燃料运输容器	上海核工程研究设计院有限公司	2017 年 12 月 8 日	2022 年 12 月 31 日	首次申请
29	CN/060/AF-96（NNSA）	CNFC-300 新燃料运输容器	中国核电工程有限公司	2017 年 12 月 18 日	2022 年 11 月 30 日	首次申请
30	CN/067/B（U）-96（NNSA）	RY-IH 新靶件运输容器	中国核电工程有限公司		2025 年 5 月 31 日	首次申请
31	CN/068/B（U）-96（NNSA）	RY-IJ 辐照后靶件运输容器	中国核电工程有限公司		2025 年 5 月 31 日	首次申请
32	CN/069/B（U）-96（NNSA）	ANT-12A 新燃料运输容器	中广核研究院有限公司	2020 年 11 月 26 日	2025 年 11 月 30 日	首次申请
33	CN/073/B（U）-96（NNSA）	QY4U013 铀化合物粉末运输容器	中核第七研究设计院有限公司	2021 年 2 月 8 日	2026 年 2 月 28 日	首次申请

注：CN/033/B（U）-96（NNSA）、CN/034/B（U）-96（NNSA）、CN/035/B（U）-96（NNSA）、CN/063/B（U）-96（NNSA）、CN/064/B（U）-96（NNSA）、CN/065/B（U）-96（NNSA）为二类 B（U）型放射性物品运输容器颁发的设计批准编号。

表 18　持有一类放射性物品运输容器制造许可证的情况统计表

序号	单位名称	单位代码	容器型号（备注）	设计单位及设计批准号	许可证号	有效期至
1	中国原子能科学研究院	001	XAYT-Ⅰ型运输容器（医用特殊形式钴-60 密封放射源）	中国辐射防护研究院 CN/020/B（U）-96（NNSA）	国核安证字第 1636 号	2021 年 10 月 31 日
			SY-Ⅰ型运输容器（特殊形式钴-60 密封放射源）	中国辐射防护研究院 CN/021/B（U）-96（NNSA）		
			ZHQY-QG-001 型运输容器（钴-60 密封放射源）	中国辐射防护研究院 CN/037/B（U）-96（NNSA）		
			SY-Ⅰ（A）型运输容器（KTM-04 系列钴靶件）	中国辐射防护研究院 CN/045/B（U）-96（NNSA）		
			FCTC10 运输容器（工业辐照用特殊形式钴-60 放射源）	中国辐射防护研究院 CN/046/B（U）-96（NNSA）		

续表

序号	单位名称	单位代码	容器型号（备注）	设计单位及设计批准号	许可证号	有效期至
1	中国原子能科学研究院	001	CEFR-MOX-N01 型燃料组件运容器	中国原子能科学研究院 CN/056/B（U）F-96（NNSA）	国核安证字第 1636 号	2021 年 10 月 31 日
			GY-20 钴-60 运输容器	中国核电工程有限公司 CN/016/B（U）-96（NNSA）		
			GY-40 钴-60 运输容器	中国核电工程有限公司 CN/017/B（U）-96（NNSA）		
2	西安核设备有限公司	002	CNFC-3G 新燃料运输容器	中国核电工程有限公司 CN/022/A（F）-96（NNSA）	国核安证字第 1635 号	2021 年 10 月 31 日
			CNSC 乏燃料运输容器	中国核电工程有限公司 CN/058/B（U）F-96（NNSA）		
			CNFC-300 新燃料运输容器	中国核电工程有限公司 CN/060/AF-96（NNSA）		
			XN3000 六氟化铀运输容器	中核第七研究设计院有限公司 CN/057/H（U）-96（NNSA）		
			QY4U013 铀化合物粉末运输容器	中核第七研究设计院有限公司 CN/073/AF-96（NNSA）		
3	中国核动力研究设计院	003	GW-01 运输容器	中国核动力研究设计院 CN/007/B（U）-96（Rve.2）（NNSA）	国核安证字第 1639 号	2021 年 12 月 31 日
			GW-02 运输容器	中国核动力研究设计院 CN/009/B（U）-96（Rve.1）（NNSA）		
4	大连宝原核设备有限公司	004	RY-IA 型乏燃料运输容器	中国核电工程有限公司 CN/001/B（U）F-96（NNSA）（Rev.3）	国核安证字第 1703 号	2022 年 8 月 31 日
			RY-IB 型乏燃料运输容器	中国核电工程有限公司 CN/006/B（U）F-96（NNSA）（Rev.2）		
			GY-20 钴-60 运输容器	中国核电工程有限公司 CN/016/B（U）-96（NNSA）		
			GY-40 钴-60 运输容器	中国核电工程有限公司 CN/017/B（U）-96（NNSA）		
5	四川科新机电股份有限公司	005	YJ-1 运输容器	中国原子能科学研究院 CN/050/1F-96（NNSA-I）	国核安证字第 2106 号	2026 年 1 月 31 日
			ANT-12A 型运输容器	中广核研究院有限公司 CN/069/AF-96（NNSA）		
6	上海阿波罗机械股份有限公司	006	CNFC-HTR 新燃料运输容器	中国核电工程有限公司 CN/051/AF-96（NNSA）（NNSA-I）	国核安证字第 2112 号	2026 年 6 月 30 日
			ANT-12A 型运输容器	中广核研究院有限公司 CN/069/AF-96（NNSA）		

续表

序号	单位名称	单位代码	容器型号（备注）	设计单位及设计批准号	许可证号	有效期至
7	中核嘉华设备制造股份有限公司	007	XN3000 六氟化铀运输容器	中核新能核工业工程有限责任公司 CN/057/H(U)-96(NNSA)	国核安证字第 1812 号	2023 年 6 月 30 日
8	南通中集能源装备有限公司	008	STC-NF1A 新燃料运输容器	上海核工程研究设计院 CN/059/AF-96（NNSA）	国核安证字第 1813 号	2023 年 6 月 30 日
9	中核兰州铀浓缩有限公司	013	XN3000 六氟化铀运输容器	中核第七研究设计院有限公司 CN/057/H（U）-96（NNSA）	国核安证字第 1919 号	2024 年 12 月 31 日

表 19　一类放射性物品运输容器使用批准持有单位情况统计表

序号	发文号	运输容器名称	持有者	设计批准编号
1	国核安材字〔1994〕070 号	900MW 燃料组件运输容器	中核建中核燃料元件有限公司	CN/002/AF-85（NNSA）
2	国核安材字〔1996〕70 号	新燃料组件运输容器	中核建中核燃料元件有限公司	CN/003/AF-85（NNSA）
3	国核安发〔2003〕38 号	TK-C5 型运输容器	江苏核电有限公司	CN/004/AF-85（NNSA）
4	国核安发〔2003〕88 号	NAC-STC 型乏燃料运输容器	中核清原环境技术工程公司	CN/005/B（U）F-85（NNSA）
	国核安发〔2006〕100 号			CN/005/B（U）F-85（Rev.1）（NNSA）
	国核安发〔2010〕41 号			CN/005/B（U）F-96（NNSA-I）100 No.01
	国核安发〔2015〕76 号			CN/005/B（U）F-96（NNSA-I）100No.02
	国核安发〔2018〕114 号			CN/005/B（U）F-96（NNSA-I）100 No.01-03
				CN/005/B（U）F-96（NNSA-I）100 No.04-06
5		NAC-STC 型乏燃料运输容器	中广核铀业发展有限公司	CN/005/B（U）F-96（NNSA-I）100 No.07-08
				CN/005/B（U）F-96（NNSA-I）100 No.09-12
6	国核安发〔2009〕154 号	VVER-1000 燃料组件 JZR-08 型运输容器	中核建中核燃料元件有限公司	CN/019/AF-96（NNSA）
7	国核安发〔2012〕48 号 国核安发〔2016〕326 号	F-168 放射源运输容器	加拿大诺迪安公司	CN/023/B（U）-96（NNSA）100 No.01～71
8	国核安发〔2012〕47 号 国核安发〔2017〕71 号	GB/2773A 放射源运输容器	医科达（上海）医疗器械有限公司	CN/024/B（U）-96（NNSA）100 No.01～06
9	国核安发〔2012〕77 号 国核安发〔2017〕169 号	R7006 型放射源运输容器	英国瑞为斯有限公司	CN/025/B（U）-96（NNSA）
	国核安发〔2021〕2 号		诺迪安（加拿大）公司	CN/025/B（U）-96（NNSA）
10	国核安发〔2012〕77 号 国核安发〔2017〕169 号 国核安发〔2021〕2 号	R7008 型放射源运输容器	英国瑞为斯有限公司 诺迪安（加拿大）公司	CN/026/B（U）-96（NNSA）

续表

序号	发文号	运输容器名称	持有者	设计批准编号
11	国核安发〔2012〕194 号 国核安发〔2017〕226 号	F-458/F-247 运输容器	诺迪安（加拿大）公司	CN/030/B（U）-96（NNSA）
12	国核安发〔2012〕213 号 国核安发〔2017〕174 号	YKT1B-160000/4300 运输容器	俄罗斯玛雅克生产联合体	CN/031/B（U）-96（NNSA）100No.01～20
13	国核安发〔2013〕1 号	TravellerXL 新燃料运输容器	三门核电有限公司	CN/032/A（F）-96（NNSA）100No.01～40
14	国核安发〔2013〕3 号	TravellerXL 新燃料运输容器	山东核电有限公司	CN/032/A（F）-96（NNSA）100No.41～80
15	国核安发〔2013〕126 号 国核安发〔2015〕46 号 国核安发〔2020〕94 号 国核安发〔2018〕213 号	TK-C5-M 运输容器	俄罗斯国营核燃料公司 江苏核电有限公司	CN/036/IF-96（NNSA）100No.01～33No.34～68 No.69～157
16	国核安发〔2013〕154 号 国核安发〔2018〕214 号	芯块运输容器	哈萨克斯坦乌立滨冶金厂联合股份公司	CN/038/B（U）F-96（NNSA）100No.001～400
17	国核安发〔2013〕210 号 国核安函〔2018〕93 号	FCC4-V1	台山核电合营有限公司	CN/039/IF-96（NNSA）100No.126～131
18	国核安发〔2014〕127 号 国核安发〔2019〕122 号	TK-C57	中国原子能科学研究院	CN/041/IF-96（NNSA）100No.001～090CN/041/IF-96（NNSA）100No.091～198
19	国核安发〔2014〕128 号 国核安发〔2019〕165 号	UK50S	俄罗斯国家科学中心原子反应堆科学研究院	CN/042/B（U）-96（NNSA）100No.02～05
20	国核安发〔2014〕128 号 国核安发〔2019〕165 号	UK12S	俄罗斯国家科学中心原子反应堆科学研究院	CN/043/B（U）-96（NNSA）100No.01～08
21	国核安发〔2014〕126 号 国核安发〔2019〕242 号	30B 及 UX-30 外包装	中国原子能工业有限公司	CN/044/B（U）F-96（NNSA）100No.001～120
22	国核安发〔2014〕257 号	带残料 48Y 天然六氟化铀运输容器	法国阿海珐公司	CN/047/H（U）-96（NNSA）
23	国核安发〔2014〕257 号	48Y 天然六氟化铀运输容器	法国阿海珐公司	CN/048/H（U）-96（NNSA）100No.01～30
24	国核安发〔2015〕2 号	F-127	诺迪安（加拿大）公司	CN/049/B（U）-96（NNSA）100No.01～04
25	国核安发〔2016〕33 号			CN/049/B（U）-96（NNSA）100No.05～08
26	国核安发〔2018〕139 号			CN/049/B（U）-96（NNSA）100No.09～12
27	国核安发〔2019〕161 号	F-127F-127S		CN/049/B（U）-96（NNSA）100No.13～16
28	国核安发〔2016〕309 号	R7021（GB3981A）运输容器	英国瑞为斯有限公司	CN/053/B（U）-96（NNSA）100No.01～05

续表

序号	发文号	运输容器名称	持有者	设计批准编号
29	国核安发〔2017〕2 号	TUK-145/C-MNSR	俄罗斯松树科学生产有限责任公司	CN/054/B（U）F-96（NNSA）100No.01
30	国核安发〔2017〕172 号	TUK-153 型乏燃料	中核清原环境技术工程有限责任公司	CN/055/B（U）F-96（NNSA）100No.001～006
31	国核安发〔2018〕97 号	ENUN 24P 乏燃料	中广核铀业发展有限公司	CN/061/B（U）F-96（NNSA）100No.01
32	国核安发〔2018〕93 号	F147	加拿大 BestTheratronics Ltd	CN/062/B（U）-96（NNSA）
33	国核安发〔2019〕126 号	NPC 新燃料	全球核燃料有限责任公司-美国	CN/066/B（U）-96（NNSA）100No.01～36
34	国核安发〔2020〕264 号	3977A 运输容器	Curium Netherlands B.V.	CN/070/B（U）-96（NNSA）100No.01～22
35	国核安发〔2020〕272 号	BEATRICE 运输容器	Institut Natio nal des Radioéléments	CN/071/B（U）-96（NNSA）100No.01～05
36	国核安发〔2021〕26 号	BEATRICE 运输容器	Institut National des Radio éléments	CN/071/B（U）-96（NNSA）100No.06～77
37	国核安发〔2020〕272 号	JANE 运输容器	Institut Natio nal des Radioéléments	CN/072/B（U）-96（NNSA）100No.01～05
38	国核安发〔2021〕26 号	JANE 运输容器	Institut National des Radio éléments	CN/072/B（U）-96（NNSA）100No.06～66
39	国核安发〔2021〕139 号	RIA 运输容器	NTP Radioisoto pe s SOC Ltd	CN/073/B（U）-96（NNSA）100No.01～30

对于境外一类放射性物品运输容器在我国境内的使用，分两种情况：一种是采购境外单位制造运输容器的按照《条例》要求颁发使用批准书，目前已颁发一类放射性物品运输容器使用批准书 19 个，持证单位包括中核清原环境技术工程有限责任公司、三门核电有限公司、山东核电有限公司等；另一种是对过境运输的境外运输容器（运抵或者途径）进行核实性审查后颁发设计批准编号，已颁发过境运输容器设计批准编号 13 个，分别是诺迪安（加拿大）公司、医科达（上海）医疗器械有限公司、英国瑞为斯有限公司等。表 19 中列出了已颁发的一类放射性物品运输容器使用批准书和过境运输设计批准信息。

2. 二类放射性物品运输容器情况统计

二类放射性物品运输容器主要涉及放射性药品运输容器、探伤机、测井源运输容器，涉及的行业广、范围大。截至 2021 年 12 月，共有 34 个型号的二类放射性物品运输容器在国家核安全局备案。容器设计单位主要有 12 家：中国原子能科学研究院、北京树诚科技发展有限公司、中国核动力研究设计院、斯伦贝谢、丹东阳光、阿海珐、海门伽玛星探伤设备有限公司、巴州大朴石油技术服务有限公司、任丘市金壳石油设备有限公司、天津芃宣环保科技有限公司、贝克休斯和郑州波尔登防护用品有限公司。备案容器的类型、设计单位和设计编号等信息如表 20 所示。

表 20　二类放射性物品运输容器设计单位备案统计表

序号	备案号	名称	持有者	运输容器类型	设计备案编号	备案日期
1	核运备〔2012〕001	田湾核电站监督试样运输容器	中国原子能科学研究院	A 型Ⅱ级（黄）	CN/001/A-96（NNSA）	2012 年 2 月 14 日
2	核运备〔2012〕003	SCT-n20C1（石蜡屏蔽） SCT-n20C2（聚乙烯屏蔽）	北京树诚科技发展有限公司	A 型Ⅲ级（黄）	CN/002/A-96（NNSA）	2012 年 2 月 17 日
3	核运备〔2012〕004	SCT-n20W2	北京树诚科技发展有限公司	A 型Ⅲ级（黄）	CN/003/A-96（NNSA）	2012 年 2 月 17 日
4	核运备〔2013〕001	大亚湾核电站主泵水力部件	中国核动力研究设计院	A 型	CN/004/A-96（NNSA）	2013 年 1 月 4 日
5	核运备〔2013〕002	NGCS-AA 运输容器	斯伦贝谢	A 型	CN/005/A-96（NNSA）100 No.01	2013 年 1 月
	核运备〔2013〕010				CN/005/A-96（NNSA）100 No.02-05	2013 年 6 月
	核运备〔2013〕013				CN/005/A-96（NNSA）100 No.06	2013 年 10 月
6	核运备〔2013〕003	YG-75 等	丹东阳光	B（U）	CN/033/B（U）-96（NNSA）（编号按一类走）	
7	核运备〔2013〕004	YG-60S 等	丹东阳光	B（U）	CN/034/B（U）-96（NNSA）（编号按一类走）	
8	核运备〔2013〕005	YG-H192 等	丹东阳光	B（U）	CN/035/B（U）-96（NNSA）（编号按一类走）	
9	核运备〔2013〕007	NCS-YC	斯伦贝谢	A 型	CN/006/A-96（NNSA）100 No.01	
10	核运备〔2013〕008 核运备〔2013〕011	NGCS-CB	斯伦贝谢	A 型	CN/007/A-96（NNSA）100 No.01-04 CN/007/A-96（NNSA）100 No.05-12	2013 年 6 月
11	核运备〔2013〕012	NGCS-BA	斯伦贝谢	A 型	CN/008/A-96（NNSA）100 No.01-06	2013 年 10 月

续表

序号	备案号	名称	持有者	运输容器类型	设计备案编号	备案日期
12	核运备〔2014〕001	30 万千瓦反应堆压力容器材料辐照监管运输容器	中国原子能科学研究院	A 型	CN/009/A-96（NNSA）	2014 年 6 月
13	核运备〔2015〕001	秦山核电站-监督管运输容器	中国核动力研究设计院	A 型	CN/010/A-96（NNSA）	2015 年 10 月
14	核运备〔2016〕001	大亚湾核电站-监督管运输容器	中国核动力研究设计院	A 型	CN/011/A-96（NNSA）	2015 年 10 月
15	核运备〔2017〕001	JRY-01 辐照监督管运输容器	中国核动力研究设计院	A 型	CN/012/A-96（NNSA）	2017 年 1 月
16	核运备〔2017〕003	TN-PNS-01 初级中子源组件运输容器	阿海珐	A 型	CN/013/A-96（NNSA）100 No.01	2017 年 8 月
17	核运备〔2018〕001	YJRQ 型运输容器	中国原子能科学研究院	A 型	CN/014/A-96（NNSA）	2018 年 1 月
18	核运备〔2018〕003	YG-75S/YG-192S/YG-192BS/YG-75/YG-192/YG-192A/YG-192B/YG-192D/YG-192G/YG-MRT	丹东市阳光仪器有限公司	B（U）	CN/033/B（U）-96（NNSA）（编号按一类走）	2018 年 1 月 22 日
19	核运备〔2018〕004	YG-60S/YG-60BS/YG-60CS/YG-60DS/YG-60/YG-60A/YG-60B/YG-60C	丹东市阳光仪器有限公司	B（U）	CN/034/B（U）-96（NNSA）（编号按一类走）	2018 年 1 月 22 日
20	核运备〔2018〕005	YG-H192/YG-H75/YG-H192S	丹东市阳光仪器有限公司	B（U）	CN/035/B（U）-96（NNSA）（编号按一类走）	2018 年 1 月 22 日
21	核运备〔2018〕006	DLTS-B、DLTS-C、DLTS-D、DLTS-E、DLTS-F、DL-ⅡD、DL-ⅡF、DL-ⅡE、DL-ⅤC、DL-ⅤA、DL-ⅡA、DL-ⅡG，	海门伽玛星探伤设备有限公司	B（U）	CN/063/B（U）-96（NNSA）（编号按一类走）	
22	核运备〔2018〕007	DLTS-60、DLTS-60A，共 2 种	海门伽玛星探伤设备有限公司	B（U）	CN/064/B（U）-96（NNSA）（编号按一类走）	
23	核运备〔2018〕008	DLTS-A、DL-ⅤB、DL-ⅡB	海门伽玛星探伤设备有限公司	B（U）	CN/065/B（U）-96（NNSA）（编号按一类走）	
24	核运备〔2019〕001	HNSTC-D400-H510 型中子源运输容器	巴州大朴石油技术服务有限公司	A 型	CN/015/A-96（NNSA）	
25	核运备〔2019〕003	ISC-YSRQ 监督管运输容器	中国原子能科学研究院	A 型	CN/016/A-96（NNSA）	2019 年 9 月
26	核运备〔2019〕005	LC-C-100 型中子源运输容器	任丘市金壳石油设备有限公司	A 型	CN/017/A-96（NNSA）	2019 年 12 月 5 日
27	核运备〔2019〕007	HNSTC-DP-A 型中子源运输容器	巴州大朴石油技术服务有限公司	A 型	CN/018/A-96（NNSA）	2019 年 12 月 5 日
28	核运备〔2020〕001	HNSTC-DP-B	巴州大朴石油技术服务有限公司	A 型	CN/019/A-96（NNSA）	2020 年 11 月 12 日

续表

序号	备案号	名称	持有者	运输容器类型	设计备案编号	备案日期
29	核运备〔2020〕003	LC-C-200	任丘市金壳石油设备有限公司	A 型	CN/020/A-96（NNSA）	2020 年 12 月 10 日
30	核运备〔2020〕005	SCT-n20C2	北京树诚科技发展有限公司	A 型	CN/021/A-96（NNSA）	2020 年 12 月 18 日
31	核运备〔2021〕001	SC-1818N	天津芃宣环保科技有限公司	A 型	CN/022/A-96（NNSA-Ⅱ）100-0619-5054	2021 年 4 月 20 日
32	核运备〔2021〕002	SC-1313N	贝克休斯（中国）油田技术服务有限公司	A 型	CN/023/A-96（NNSA-Ⅱ）100-10147157/13065472/130654	2021 年 4 月 20 日
33	核运备〔2021〕003	N-IFE/2600/A	中国原子能工业有限公司	A 型	CN/024/A-96（NNSA-Ⅱ）100-nr.1/nr.3/nr.4/n r.5	2021 年 5 月 25 日
34	核运备〔2021〕006	BRD-ZYG102 型中子源运输容器	郑州波尔登防护用品有限公司	A 型	CN/026/A-96（NNSA）	2021 年 6 月 15 日 2026 年 6 月 30 日

3. 一类放射性物品运输情况统计

截至 2021 年 12 月，我国从事一类放射性物品运输活动的托运人共 30 余家，实施的运输活动涉及放射源、新燃料、乏燃料、六氟化铀和二氧化铀芯块等放射性物品的运输。2021 年度，生态环境部（国家核安全局）共批复 20 个运输核与辐射安全分析报告书，具体批复情况见表 21。其中 2021 年 11 月实施的乏燃料公海铁联运体系首次试运输，是我国乏燃料运输的一个重要里程碑，标志着我国乏燃料运输体系基本建成，意味着我国乏燃料运输实现由单一的公路运输模式转变为多种模式联合运输的高效模式。

表 21　2021 年度放射性物品运输安全监管领域的主要行政审批事项

序号	日期	批准文号	文件名称
1	2021 年 01 月 15 日	国核安发〔2021〕9 号	关于批准钴源（GY-20 型容器）运输核与辐射安全分析报告书的通知
2	2021 年 03 月 24 日	国核安发〔2021〕55 号	关于批准包头至秦山核电站燃料组件运输核与辐射安全分析报告书的通知
3	2021 年 03 月 25 日	国核安发〔2021〕56 号	关于批准包头至海阳核电站燃料组件运输核与辐射安全分析报告书的通知
4	2021 年 07 月 07 日	国核安发〔2021〕136 号	关于批准中核建中核燃料元件有限公司宜宾至大亚湾核电站及岭澳核电站燃料组件公路运输核与辐射安全分析报告书的通知

续表

序号	日期	批准文号	文件名称
5	2021 年 07 月 07 日	国核安发〔2021〕137 号	关于批准中核建中核燃料元件有限公司宜宾至湛江 PC 项目和 PK 项目燃料组件公路运输核与辐射安全分析报告书的通知
6	2021 年 07 月 08 日	国核安发〔2021〕138 号	关于批准中核建中核燃料元件有限公司宜宾至阳江核电站燃料组件公路运输核与辐射安全分析报告书的通知
7	2021 年 07 月 08 日	国核安发〔2021〕140 号	关于批准四川持恒源核技术利用有限公司铱-192、硒-75（RIA 型容器）运输核与辐射安全分析报告书的通知
8	2021 年 07 月 27 日	国核安发〔2021〕161 号	关于批准中核建中核燃料元件有限公司宜宾-上海/湛江 PK 燃料项目国内公铁联运核与辐射安全分析报告书变更的通知
9	2021 年 07 月 27 日	国核安发〔2021〕163 号	关于批准中核建中核燃料元件有限公司宜宾-上海/湛江 PC 燃料项目国内公铁联运核与辐射安全分析报告书变更的通知
10	2021 年 07 月 30 日	国核安发〔2021〕169 号	关于批准中国同辐股份有限公司进口 Co-60 源（F147 容器）运输核与辐射安全分析报告书的通知
11	2021 年 08 月 27 日	国核安发〔2021〕191 号	关于批准中核高通同位素股份有限公司进口铱-192、硒-75、碘-131 放射性原料国内公路运输核与辐射安全分析报告书的通知
12	2021 年 09 月 21 日	国核安发〔2021〕210 号	关于批准中核北方核燃料元件有限公司包头至福清核电站燃料组件公路运输核与辐射安全分析报告书的通知
13	2021 年 09 月 21 日	国核安发〔2021〕211 号	关于批准中核北方核燃料元件有限公司包头至秦山核电站燃料组件公路运输核与辐射安全分析报告书的通知
14	2021 年 09 月 21 日	国核安发〔2021〕212 号	关于批准大亚湾码头至台山核电厂进口核燃料组件运输核与辐射安全分析报告批准书延续的通知
15	2021 年 10 月 09 日	国核安发〔2021〕227 号	关于批准中广核铀业发展有限公司乏燃料公海铁联运输核与辐射安全分析报告书的通知
16	2021 年 10 月 21 日	国核安发〔2021〕240 号	关于批准江苏核电有限公司满洲里——田湾核电站（俄供）燃料组件运输核与辐射安全分析报告书的通知
17	2021 年 11 月 14 日	国核安发〔2021〕258 号	关于批准中核高通同位素股份有限公司钴-60 原料进口/废源出口（F-168/F-168 月 X 型容器）运输核与辐射安全分析报告书的通知
18	2021 年 11 月 14 日	国核安发〔2021〕259 号	关于批准中核陕西铀浓缩有限公司六氟化铀公路运输核与辐射安全分析报告审评的通知

第九章　民用核安全设备监管

第一节　民用核安全设备监督管理

截至 2021 年年底，国家核安全局全年受理并立项审查的民用核安全设备许可证申请单位共 157 家。批准了 139 家单位的许可证申请，其中新取证单位 8 家，延续许可证单位 46 家，变更许可证单位 85 家。

1. 国内民用核安全设备许可证持证单位数据情况

国家核安全局与原机械电子工业部以及原能源部于 1992 年联合发布部门规章《民用核承压设备安全监督管理规定》，明确对民用核承压设备以行政许可的方式实施核安全监督管理。2008 年施行的《民用核安全设备监督管理条例》（以下简称《条例》）扩大了民用核安全设备的监督管理范围，在承压机械设备的基础上增加了核安全电气设备，并将专门从事无损检验工作的单位纳入监督管理。同步施行的配套部门规章《民用核安全设备设计制造安装和无损检验监督管理规定》（HAF 601）对许可制度的管理和监督进行了详细的规定。

国务院核安全监管部门近年来试行许可证退出机制，基本实现了许可证的动态管理。截至 2021 年 12 月，民用核安全设备设计、制造、安装和无损检验许可证持证单位共计 225 家。按照许可证设备种类统计，从事核安全机械设备（设计、制造、安装和无损检验）活动的单位 161 家，占持证单位总数的 71.6%；从事核安全电气设备（设计、制造和安装）活动的单位 76 家，占持证单位总数的 28.4%；同时从事机械设备和电气设备活动的单位 12 家。民用核安全设备许可证设备种类具体情况如图 11 所示。

《条例》中规定民用核安全设备包括核安全机械设备和核安全电气设备。图 11 将核安全级机械设备和核安全级（1E 级）电气设备两类进行区分统计。从图 11 可以看出，从事机械设备活动的单位数量远大于从事电气设备活动的单位数量，这与其包含的设备类别数量有关，在《民用核安全设备目录（2016 年修订）》中，对于核动力厂及研究堆等核设施通用核安全设备，核安全机械设备包含 19 类设备，而核安全电气设备仅包含 9 类设备。仅从事机械设备活动的单位为 149 家，占持证单位总数的 66.2%；仅从事电气设备活动的单位为 64 家，占总数的 28.4%；同时从事机械设备和电气设备活动的单位 12 家，占总数的 5.4%。

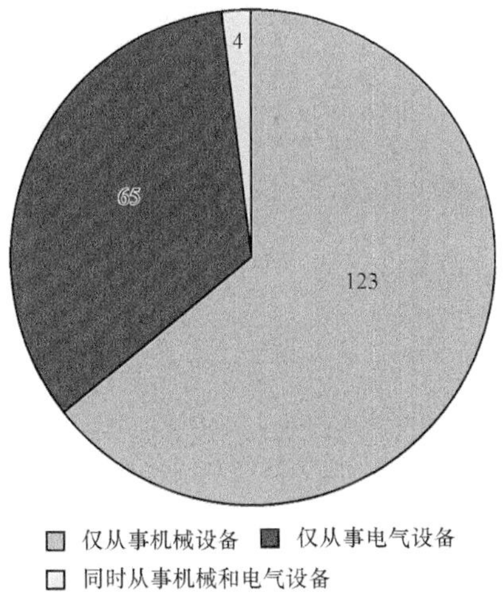

图 11 民用核安全设备许可证设备种类统计图

《条例》中规定民用核安全设备许可证包括设计、制造、安装和无损检验许可证。民用核安全设备许可证类别具体情况如图 12 所示。

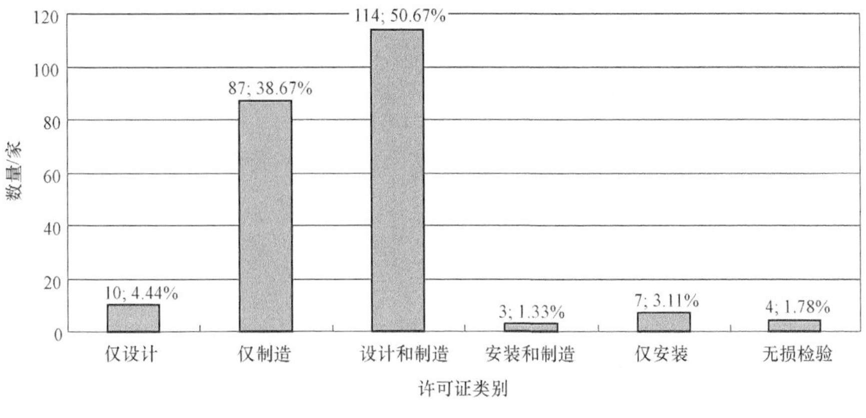

图 12 许可证类别统计图

在《民用核安全设备目录（2016 年修订）》通用核安全设备目录中，泵、阀、风机、压缩机和阻尼器等能动机械设备和核安全电气设备等可以同时颁发设计和制造许可证，由图 12 数据可知，同时持有设计和制造许可证的单位数量最多；其他的设备类别均只颁发制造许可证，仅持有制造许可证的单位数量次之；需要特别说明的是，从事设备初步设计的单位（设计院）也同样颁发设计许可证，与设备设计许可证不同的是，设计院的设计许可证是针对民用核安全设备进行初步设计，而普通设计许可证是针对民用核安全设备依据技术规格书进行施工设计，由图 12 数据可知，仅从事设计活动的单位数量为 10 家，其中包括仅从事机械设备设计活动的单位 4 家，仅从事电气设备设计活动的单位 2 家，以及同时从事机械和电气设备设计活动的单位 4 家。

《条例》理顺和完善了民用核安全设备的监管范围，加大了监管力度。《条例》自 2008 年施行以来，经过十余年的监管实践和经验反馈，民用核安全设备监管已形成了较为成熟的机制。在此过程中，民用核安全设备活动持证单位数量稳中有升。截至 2021 年 12 月，民用核安全设备活动持证单位数量为 225 家，具体情况如图 13 所示。

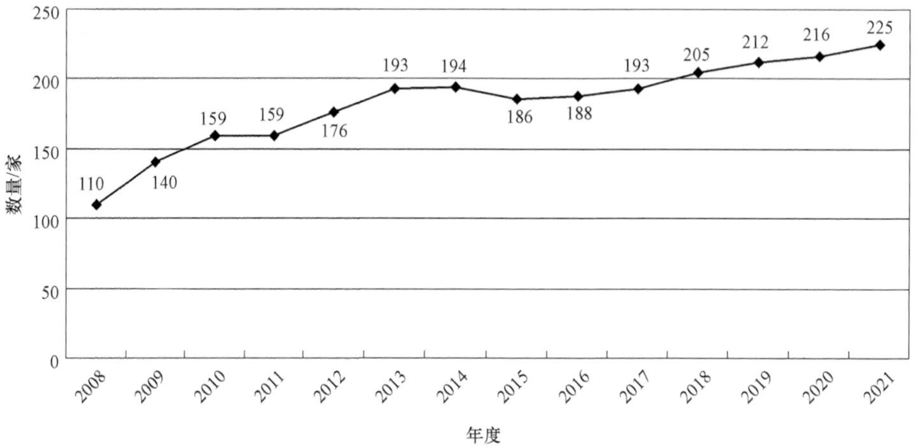

图 13　2008 至 2021 年度持证单位统计

2. 民用核安全设备行政处罚情况

依据《核安全法》和《条例》的相关条款规定，国务院核安全监管部门对存在违反核安全法规事实和证据的许可证持证单位行使行政处罚权。随着许可证持证单位数量增加，国务院核安全监管部门核安全监督检查频次和力度的增加，通过检查或举报核查的方式查明违反核安全法规事实的案例也逐步增加。本文仅以近 5 年对持证单位进行核安全行政处罚的数据为例，2016 年度对上海重型机器厂有限公司和苏州东仪核电科技股份有限公司等 6 家许可证持证单位实施了核安全行政处罚决定，其中苏州东仪核电科技股份有限公司因逾期未整改，仍存在质量保证体系运转失控和检验试验记录造假等违规问题，国务院核安全监管部门对其持有的设计和制造许可证予以吊销决定。另外，2015 年度对 4 家持证单位实施行政处罚，2017 年度和 2019 年度均处罚了 3 家违反核安全法规的持证单位。2020 年度无核安全行政处罚决定。2021 年度对 2 家持证单位（上海电气上重铸锻有限公司、扬州电力设备修造厂有限公司）实施了行政处罚。

3. 境外民用核安全设备注册登记单位数据情况

截至 2021 年 12 月底，民用核安全设备活动境外单位注册登记确认书持证单位共计 192 家。按照注册登记确认书设备种类统计，从事核安全机械设备（设计、制造和无损检验）活动的单位 127 家；从事核安全电气设备（设计、制造）活动的单位 69 家；同时从事机械设备和电气设备活动的单位 4 家，均为综合类注册登记单位。按照注册登记确认书类别统计，综合类注册登记单位（核安全机械设备及电气设备的系统设计和制造）3 家，仅设计类注册登记单位 4 家，仅制造类注册登记单位 51 家，同时具有设计类和制造类的注册登记单位 134 家，无损检验类注册登记单位 3 家，目前尚未对境外单位颁发安装类注册登记确认书，故安装类注册登记单位为 0 家。境外单位注册登记情况如图 14 和图 15 所示。

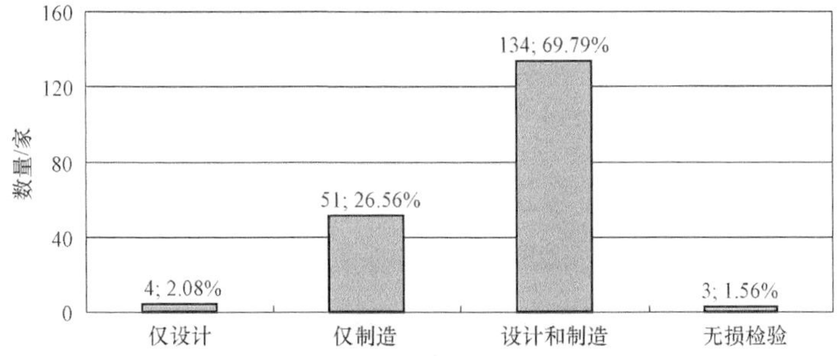

图 14　注册登记单位类别统计

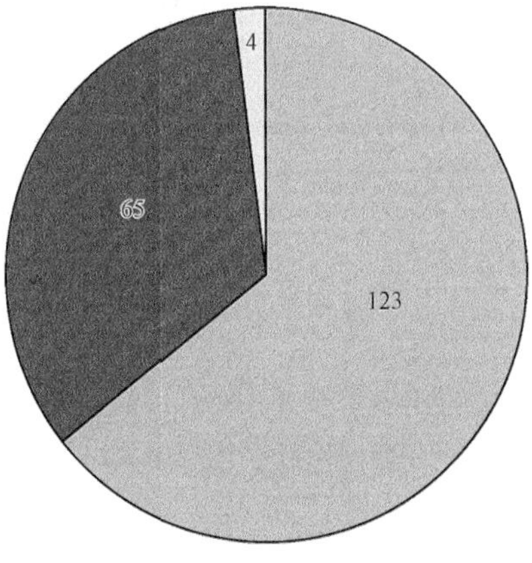

图 15　注册登记确认书设备种类统计图

■ 仅从事机械设备　■ 仅从事电气设备　□ 同时从事机械和电气设备

HAF 604规定注册登记确认书分为4类，即境外设计、制造、安装和无损检验。如图16所示，同时具有设计类和制造类的注册登记单位数量远大于单独具有某一类的注册登记单位数量，占注册登记单位总数的70.39%，这一点与国内民用核安全设备许可证持证单位分布统计数据相一致；仅制造类注册登记单位比例为25.7%；仅设计类注册登记单位比例与无损检验类注册登记单位比例相近，均在3%以下。

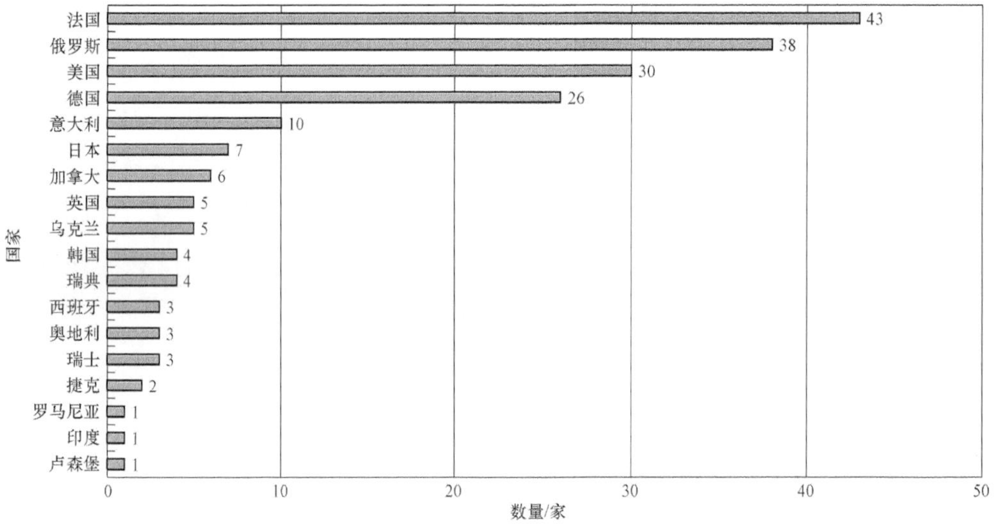

图16　注册登记单位所在国别统计

境外注册登记单位所在国别统计数据表明，目前在我国进行注册登记的境外单位分属于法国等18个国家，较上年同期持平；持有境外注册登记单位国别最多的4个国家与上年相同，分别为法国、俄罗斯、美国和德国，其注册登记单位数量总和为137家，占注册登记单位总数的71.35%，较上年同期高约1.52%，这与全球新冠肺炎流行影响降低有关，前期新冠肺炎的流行使得境外单位不能有效、及时地准备申请材料、答复相关问题，现阶段的疫情缓解与常态化使得上述进程持续恢复。

总体来看，注册登记单位数量最高的是法国，现有注册登记单位43家，占比达22.40%；其次是俄罗斯，现有注册登记单位38家，占比为21.23%；再次是美国，现有注册登记单位30家，占比为15.63%；排名第四的是德国，其注册登记单位数量是26家，占比为13.54%。在前4位持有境外单位注册登记确认书的国家中，俄罗斯较上年同期注册登记单位数量增加，超过美国位居第二，这与中俄两国合作的深入推进有关。目前，我国引进的俄罗斯先进VVER堆型应用于田湾1至4号机组到7、8号机组和徐大堡核电站，大量俄罗斯设备制造单位一直为我国VVER堆型提供核电主要设备。同时，鉴于我国核电堆型以压水堆为主，因此，对于加拿大、日本等重水堆和沸水堆为主的传统国家而言，在我国的境外注册登记单位数量少。

2021 年底，取得境外注册登记确认书的单位数量较上年同期有所增加。具体情况如图 17 所示。

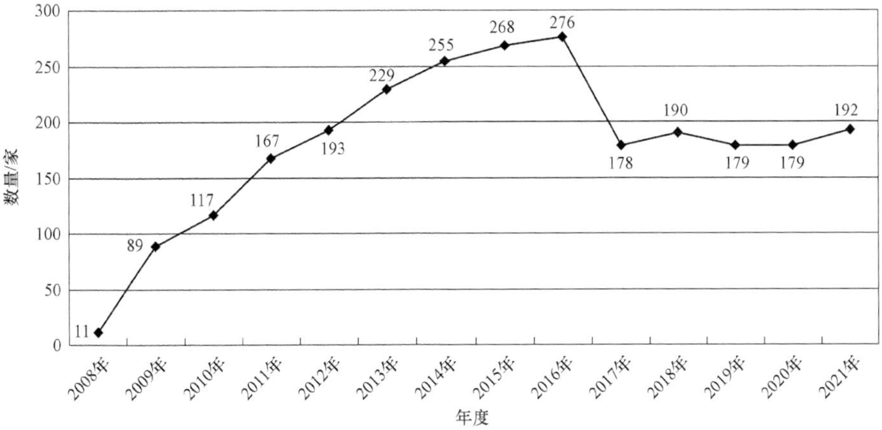

图 17　2008—2021 年度注册登记单位数量统计

第二节　进口民用核安全设备安全检验

1. 安全检验申报文件

截至 2021 年 12 月 31 日，共有 55 家报检单位向生态环境部（国家核安全局）提交了 3 399 批次口岸申报文件、2 718 批次开箱申报文件、2 554 批次安全检验申报文件，详见图 18。安全检验中发现的问题量处在可控范围内，2012—2021 年，共发出文件审评问题单 1405 份，申报文件退回发文 518 份，详见图 19。

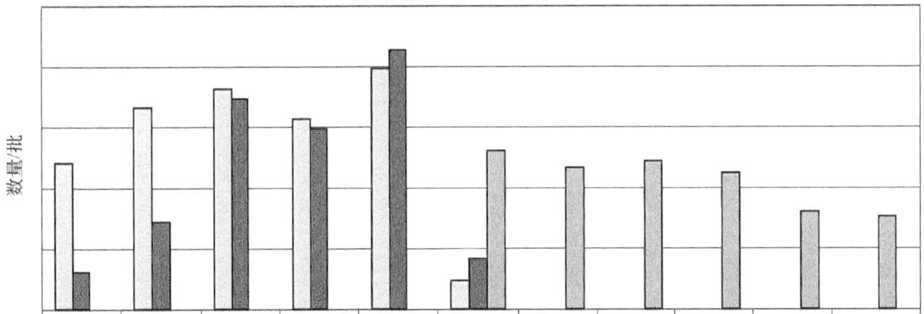

	2011	2012	2013	2014	2015	2016	2017	2018	2019	2020	2021
口岸报检申报文件	485	668	726	627	796	97					
开箱报检申报文件	122	291	692	594	855	164					
安全检验申报文件						522	465	490	452	321	304

图 18　安全检验文件申报数量

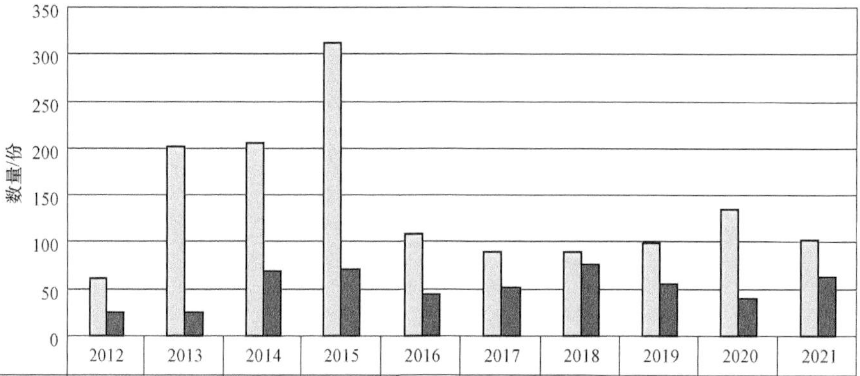

	2012	2013	2014	2015	2016	2017	2018	2019	2020	2021
问题单	61	202	206	312	109	90	90	98	135	102
退回发文	25	25	69	70	44	51	76	56	39	63

图 19　安全检验文件审评问题单及退回发文数量

2. 进口设备供应商

截至 2021 年 12 月 31 日，接受我国安全检验的进口核安全设备供应商来自于 19 个国家，其中法国设备供应商供货范围较广，涉及的安全检验申报批次达到 2 835 批，占总报检批次的 47.62%。详见表 22。

表 22　各国设备供应商数量及报检批次表

序号	国家	涉及报检批次/批
1	法国	2 935
2	美国	979
3	德国	876
4	俄罗斯	567
5	意大利	372
6	日本	197
7	英国	150
8	奥地利	118
9	韩国	97
10	乌克兰	65
11	瑞典	36
12	卢森堡	30
13	瑞士	30
14	西班牙	27
15	加拿大	19

续表

序号	国家	涉及报检批次/批
16	印度	14
17	比利时	11
18	罗马尼亚	11
19	捷克	4

3. 安全检验开箱见证检查及补充验证数据

开箱申报文件经审查合格后，相关报检单位向安全检验机构提交设备开箱检查申请，安全检验机构进行选点见证检查。2013—2021 年，核与辐射安全中心在核设施现场外对 634 批次的进口核安全设备开箱检查活动进行见证检查，对 639 批次的设备进行补充验证，详见图 20。

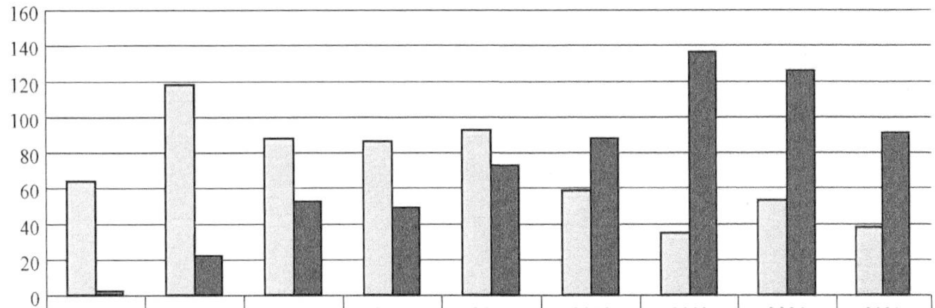

	2013	2014	2015	2016	2017	2018	2019	2020	2021
□ 开箱见证检查批次	64	118	88	86	93	59	35	53	38
■ 检验试验批次	2	22	52	49	73	88	136	126	91

图 20　开箱见证检查及补充验证批次

4. 安全检验总报告数据

2012 年，随着《进口民用核安全设备安全检验大纲》的实施，进口民用核安全设备安全检验总报告开始作为机组首次装料批准书的依据之一。2012—2022 年，共编写 37 份进口民用核安全设备安全检验总报告，各年分布如图 21 所示。

5. 经验反馈报告数据

为促进进口核设备相关单位及时分享设备质量信息、防止质量事件反复发生，同时推广安检良好实践，2012 年起，我国逐步探索建立进口民用核安全设备检验反馈制度，并于同年编制出版了首部进口民用核安全设备经验反馈汇编。截至 2021 年，已编制出版了 10 本经验反馈汇编，收集整理了近年来安全检验过程中发现的 146 个典型案例，涵盖安全检验各阶段中出现的违反法律法规、质保体系未有效运行、设备设计缺陷、设备运输损坏、采购单位主体责任落实不力和质量文件涉嫌造假等重要问题。典型案例深度剖析质量事件，重点关注事件背后深层次原因，并给出相应工作建议。通过分享经验反馈信息促进各核电工程公司、营运单位、设备制造厂等采购单位进一步规范进口民用核安全设备采购管理，不断提升质量管理水平，切实落实质量主体责任。经验反馈报告数量统计见图 22。

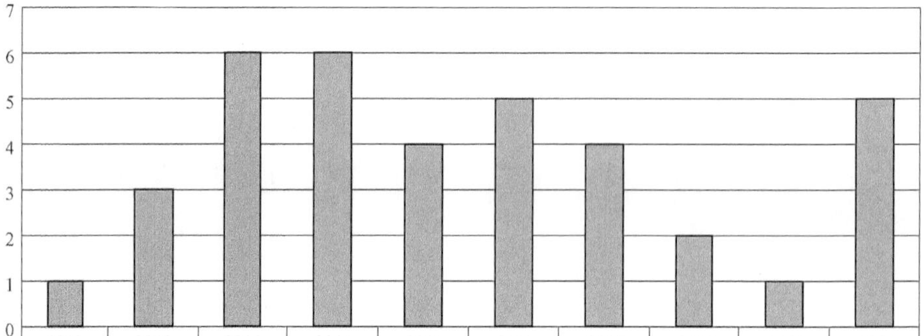

	2012	2013	2014	2015	2016	2017	2018	2019	2020	2021
总报告编写数量	1	3	6	6	4	5	4	2	1	5

图 21　历年编写的总报告数量

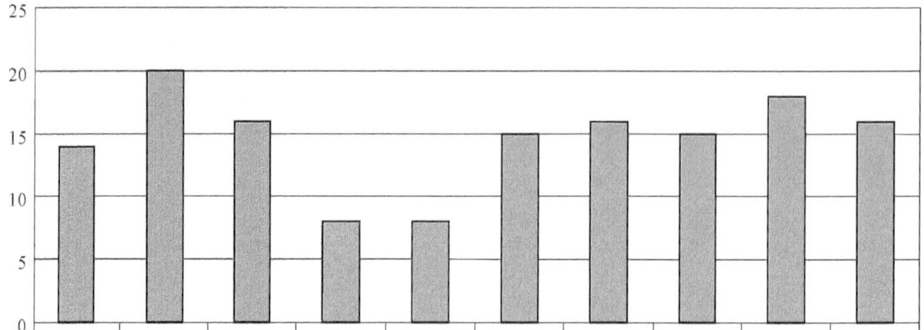

	2012	2013	2014	2015	2016	2017	2018	2019	2020	2021
经验反馈报告数量	14	20	16	8	8	15	16	15	18	16

图 22　编写经验反馈报告数量

第二部分

监管活动

第一章　整体情况

2021 年，生态环境部（国家核安全局）依法对民用核设施场内应急预案开展审评和复审，对核设施日常应急准备情况、场内综合应急演习进行监督检查和评估，有效加强对核设施应急准备工作的监督管理；对省级辐射事故应急演习加强督导和协调，完成省级辐射环境应急能力评估工作；不断加强自身应急准备与应急响应能力，圆满完成多项核与辐射应急工作任务。截至 2021 年 12 月 31 日，生态环境部（国家核安全局）应急监测网现接入各类自动站监测站点 751 个，其中包括国控点 449 个、省控点 12 个、监督性监测点 135 个、核设施监测点 155 个。

2021 年，《民用核设施操作人员资格管理规定》正式实施，相关过渡办法同期发布，配套研究堆和核燃料后处理生产设施考核要求相继生效，核设施操纵人员资格管理改革进入高峰期。2021 年，全年共审评 4 批次民用核设施核反应堆操纵人员，共计 1 286 人，其中核动力厂操纵人员 1 114 人，民用研究堆操纵人员 119 人，后处理设施操纵人员 53 人。2021 年，全年发布 4 批民用核安全设备无损检验人员考试计划，组织全国 5 家无损检验人员考核单位举行 23 场无损检验人员资格考试，颁发 8 批民用核安全设备无损检验人员资格证书，共批准 1 911 人、2 198 项。全年发布 4 批民用核安全设备焊接人员考试计划，组织全国 13 家民用核安全设备焊接人员考核单位举行 37 场焊接人员资格考试，全年颁发 8 批民用核安全设备焊接人员资格证书，共批准 1 621 人、1 912 项。

2021 年，全年召开国家核安全专家委员会季度专题例会 4 次，正式发布《民用核设施操作人员资格管理规定》《核动力厂确定论安全分析》《核动力厂一级概率安全分析》等 20 项法规标准文件，其中部门规章 1 项、核安全导则 12 项、国家标准 1 项、环境标准 6 项；国家核安全专家委员会审议法规标准项目 23 项、34 项次。截至 2021 年 12 月底，我国现行的核与辐射安全法规共 138 项，其中法律 2 项、行政法规 7 项、部门规章 28 项、导则 101 项。

2021 年，生态环境部（国家核安全局）完成了《核安全与放射性污染防治“十四五”规划及 2035 年远景目标》（送审稿）编制工作，组织召开核安全“十四五”规划编制工作领导小组会议，审议规划（送审稿）和“十三五”规划终期评估报告。2022 年 1

月，生态环境部联合五部委，向国务院上报《“十四五”核安全与放射性污染防治规划》。

2021 年，生态环境部（国家核安全局）微信宣传工作取得新成效，阅读量、粉丝量均有提升。国家核安全局网站共发布信息 1 593 篇，浏览量达 178 万次；英文网站共发布信息 8 篇；微信公众号共发布图文 985 篇，共 300 期，图文阅读量累计达 52.5 万次，关注人数 4.2 万人（同比增长 6 000 人），转发量达 1.8 万次。

第二章　监管体系建设

我国已建立以生态环境部（国家核安全局）为行政核心的“三司六站二中心”的核安全监督管理体系，包括：核设施安全监管司、核电安全监管司、辐射源安全监管司；华北、华东、华南、西北、西南、东北6个地区监督站；核与辐射安全中心（核安全设备监管中心）、辐射环境监测技术中心2个技术支持单位。中央本级安全监管的人员编制为1 106人，其中局机关总部85人，6个地区监督站331人，核与辐射安全中心600人，辐射环境监测技术中心90人。

除了中央本级，我国除台湾、香港、澳门地区以外的31个省（区、市）全部设立了独立的辐射安全监管机构，省级机构总编制超过1 500人；31个省的445个地市级行政区中，约有300个成立了辐射安全监管机构，地市级辐射安全监管人员总数超过2 000人；区县级行政区约有250个成立了辐射安全监管机构，其他没有成立辐射安全监管机构的区县，均有兼职监管人员。整体组织机构图如图23所示。

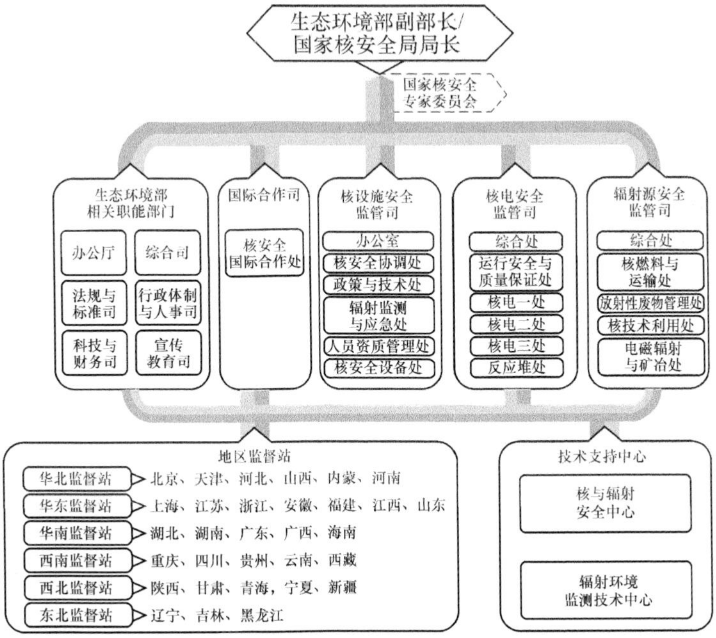

图23　组织机构图

第三章 核与辐射事故应急管理

第一节 概 况

2021 年，生态环境部（国家核安全局）依法对民用核设施场内应急预案开展审评和复审，对核设施日常应急准备情况、场内综合应急演习进行监督检查和评估，有效加强对核设施应急准备工作的监督管理；对省级辐射事故应急演习加强督导和协调，完成省级辐射环境应急能力评估工作；不断加强自身应急准备与应急响应能力，圆满完成多项核与辐射应急工作任务。

截至 2021 年 12 月 31 日，生态环境部（国家核安全局）应急监测网现接入各类自动站监测站点 751 个，其中包括国控点 449 个、省控点 12 个、监督性监测点 135 个、核设施监测点 155 个。

第二节 应急演习情况

1. 生态环境部（国家核安全局）应急演习

为加强生态环境部（国家核安全局）核与辐射事故应急准备工作，进一步提升人员应急意识、应急响应能力，落实 2020 年新版生态环境部（国家核安全局）核与辐射事故应急预案及相关要求，生态环境部（国家核安全局）于 9 月 29 日与昌江核电基地联动开展核事故应急演习，12 月 8 日与青海省联动开展辐射事故应急演习。演习行动均基本按照新版预案的要求开展，起到了锻炼队伍、检验预案的效果。

2. 省级辐射事故应急演习

全国共有 5 个省（自治区）按照生态环境部（国家核安全局）计划安排，开展了省级辐射事故综合应急演习工作，各地区监督站对各省辐射事故综合应急演习进行了全程督导。通过演习增进了地方政府对辐射事故应急工作的重视，落实了地方政府辐射应急工作主体责任，锻炼了人员队伍，检验了应急预案和设施设备，提高了应急响应与处置能力，进一步推动了辐射安全监管工作。

3. 核设施应急演习

全国共有15个核设施营运单位开展了核事故应急演习工作。其中红沿河、石岛湾、昌江、防城港、大亚湾/岭澳、福清、阳江、秦山、宁德和台山等11个核电厂为联合演习或场内综合应急演习，其他为研究堆和核燃料循环设施综合应急演习，详见表23。

生态环境部（国家核安全局）对上述演习进行了全过程监督评估，针对检查和监督评估中发现的问题，进行系统整理，提出核安全管理要求。

表23　2021年部、各省及各核设施应急演习开展情况

序号	应急类别	日期	单位/地点	内容
1	核	2月4日	红沿河核电厂	5号机组装料前综合演习
2	核	3月31日	石岛湾核电厂	综合演习
3	核	5月31日	防城港核电厂	国防科工局联动，联合演习 （国家核应急演习“神盾-2021”）
4	核	6月17日	昌江核电厂	综合演习
5	辐射	6月17日	内蒙古自治区辐射事故应急演习	综合演习
6	核	6月24日	红沿河核电厂	综合演习
7	辐射	6月24日	贵州省省级辐射事故应急演习	综合演习
8	核	7月22日	大亚湾/岭澳核电厂	综合演习
9	核	7月28日	福清核电厂（5号机组）	综合演习
10	核	9月2日	阳江核电厂	综合演习
11	核	9月3日	福清核电厂	综合演习
12	核	9月29日	昌江核电厂	生态环境部、海南省、昌江联动，联合演习
13	核	10月13日	秦山核电厂	综合演习
14	核	10月14日	中核陕西铀浓缩有限公司	综合演习
15	核	10月21日	防城港核电厂	综合演习
16	辐射	10月26日	吉林省省级辐射事故应急演习	综合演习
17	核	11月10日	宁德核电厂	联合演习
18	辐射	11月18日	湖北省省级辐射事故应急演习	综合演习
19	核	11月25日	中核兰州铀浓缩有限公司	综合演习
20	核	12月1日	台山核电厂	综合演习

续表

序号	应急类别	日期	单位/地点	内容
21	辐射	12 月 8 日	青海省省级辐射事故应急演习	生态环境部联动，综合演习
22	核	12 月 21 日	核动力研究设计院	综合演习
23	核	12 月 23 日	清华大学核能与新能源技术研究院	综合演习

第三节　应急监督管理

1. 核设施监督审评

全年完成对 4 个新建电厂、5 个运行电厂、4 个核燃料循环设施，1 个低放废物处置场，6 项研究堆（含石岛湾高温堆）营运单位应急预案及相关文件开展审评，形成审评问题和工作单 515 个，审评意见和评价报告 20 份。

2. 核设施应急监督检查

全年参与完成核设施应急监督检查 10 次。

其中国家核安全局组织 5 次：田湾 6 号机组运行许可证颁发前核安全检查、红沿河 5 号机组运行许可证颁发前核安全检查、石岛湾高温堆应急准备检查及场内外联合演习监督评估、核动力院高通量工程试验堆运行许可证有效期延续申请准备情况核安全检查、红沿河 6 号机组运行许可证颁发前核安全检查。

华南监督站组织 2 次：昌江 2021 年度场内综合应急演习监督评估、防城港核电厂应急准备检查和 2021 年场内综合应急演习监督。

华东监督站组织 2 次：秦山核电应急准备检查和 2021 年场内综合应急演习监督评估、福清 6 号机组运行许可证颁发前综合核安全检查。

华北监督站组织 1 次：田湾核电厂应急准备检查和应急演习监督。

3. 省级辐射环境应急能力督导

继续开展对全国 31 个省（自治区、直辖市）的辐射环境监测及应急能力的全面评估工作，由各地区核与辐射安全监督站牵头，分片区组织技术专家完成对各省的应急能力评估工作，针对存在问题和不足，提出了相关改进建议和管理要求。

第四节　应急准备情况

1. 设施监督审评

圆满完成 2021 年生态环境部（国家核安全局）核与辐射应急值守工作，编制生态环境部核与辐射应急平台运行情况月报 12 期；全年保障部、司级视频会议 50 次；完成春节、两会、汛期、国庆等重要节庆活动的应急值守保障工作；参与、配合核设施核事故应急演习、省级辐射事故应急演习共 17 次。

应急基础设施稳定运行，系统运维中发现并及时处理省级应急专线（31 省/直辖市/自治区）数据中断 856 次，核电厂应急专线（13 个核电基地）数据中断 162 次；各类应急设施设备如应急指挥车、卫星通信、应急视频会议系统、应急网络、应急平台系统、2 部应急值班手机等运转正常。

2. 应急法规制定

全年完成 4 项法规的制定，包括：《压水堆核动力厂应急行动水平制定》导则征求意见稿 1 份；HAF 103《核动力厂调试和运行安全规定》报批稿（初稿）1 份；核安全导则《放射性废物近地表处置设施营运单位的应急准备和应急响应》征求意见稿 1 份；推荐性国标《后处理设施场内应急设施功能与要求》建议稿 1 份。

第四章　人员资质管理

第一节　概　况

2021 年，《民用核设施操作人员资格管理规定》正式实施，相关过渡办法同期发布，配套研究堆和核燃料后处理生产设施考核要求相继生效，核设施操纵人员资格管理改革进入高峰期。

第二节　民用核设施操纵人员

随着新规的实施，我国民用核设施操纵人员在原有核动力厂和民用研究堆两部分的基础上，新增了核燃料生产后处理设施。执照级别依旧分为《操纵员执照》和《高级操纵员执照》两种。截至 2021 年年底，我国配备有持照操纵人员的核动力厂营运单位 13 家；民用研究堆营运单位共 6 家。

2021 年，全年共审评 4 批次民用核设施核反应堆操纵人员，共计 1 286 人，其中核动力厂操纵人员 1 114 人，民用研究堆操纵人员 119 人，后处理设施操纵人员 53 人。

我国核动力厂操纵人员数量随着各新建机组的陆续装料投运，近年增速逐步趋缓。随着新规实施和操纵人员资格管理系统的投用，部分非运行岗位执照退出有效执照序列，使得 2021 年持照人数略有减少。而近年来民用研究堆的操纵人员数量基本维持稳定。2021 年采用认定方式审查了核燃料后处理生产设施首批操纵人员执照，情况如图 24 所示。

截至 2021 年年底，我国核动力厂营运单位共 13 家，共计 2 784 人持有核动力厂操纵人员执照，其中 1 680 人持有高级操纵员执照，1 104 人持有操纵员执照，详见表 24。各机组操纵人员执照数量根据堆型需求有所不同，但营运单位操纵人员总数与机组数量成正比。

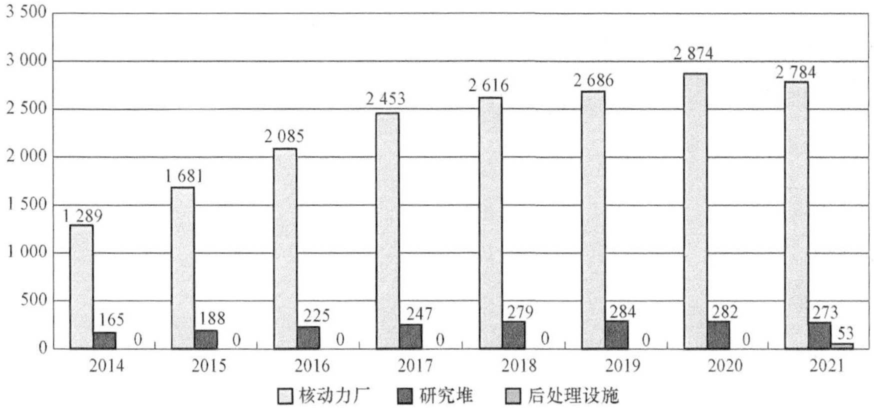

图 24　2014—2021 年我国民用核设施操纵人员数量统计

表 24　我国核动力厂操纵人员执照统计

核设施营运单位	核设施名称	高级操纵员	操纵员	小计
中核核电运行管理有限公司	秦山核电厂	34	16	50
	秦山第二核电厂 1、2 号机组	53	24	77
	秦山第二核电厂 3、4 号机组	59	28	87
	秦山第三核电厂 1、2 号机组	64	40	104
	方家山核电工程 1、2 号机组	64	24	88
大亚湾核电运营管理有限责任公司	大亚湾核电厂	66	23	89
	岭澳核电厂 1、2 号机组	66	27	93
	岭澳核电厂 3、4 号机组	61	26	87
江苏核电有限公司	田湾核电厂 1、2 号机组	79	76	155
	田湾核电厂 3、4 号机组	69	43	112
	田湾核电厂 5、6 号机组	38	64	102
福建宁德核电有限公司	宁德核电厂 1、2 号机组	72	45	117
	宁德核电厂 3、4 号机组	64	42	106
辽宁红沿河核电有限公司	红沿河核电厂 1、2 号机组	72	30	102
	红沿河核电厂 3、4 号机组	59	35	94
	红沿河核电厂 5、6 号机组	41	29	70
阳江核电有限公司	阳江核电厂 1、2 号机组	49	23	72
	阳江核电厂 3、4 号机组	57	26	83
	阳江核电厂 5、6 号机组	47	19	66
福建福清核电有限公司	福清核电厂 1、2 号机组	67	43	110
	福清核电厂 3、4 号机组	71	47	118
	福清核电厂 5、6 号机组	33	57	90

续表

核设施营运单位	核设施名称	高级操纵员	操纵员	小计
广西防城港核电有限公司	防城港核电厂 1、2 号机组	54	33	87
	防城港核电厂 3、4 号机组	41	43	84
海南核电有限公司	昌江核电厂 1、2 号机组	69	38	107
三门核电有限公司	三门核电厂 1、2 号机组	84	41	125
山东核电有限公司	海阳核电厂 1、2 号机组	50	54	104
台山核电合营有限公司	台山核电厂 1、2 号机组	71	46	117
华能山东石岛湾核电有限公司	高温气冷堆核电站示范工程 1、2 号机组	26	62	88
合计		1 680	1 104	2 784

截至 2021 年底，我国民用研究堆营运单位共 6 家，绝大部分集中于中国原子能科学研究院、中国核动力研究设计院、清华大学 3 家，共计 273 人持有研究堆操纵人员执照，其中 135 人持有高级操纵员执照，138 人持有操纵员执照，详细情况见表 25。

表 25　我国民用研究堆操纵人员执照统计

核设施营运单位	核设施名称	高级操纵员	操纵员	小计
中国原子能科学研究院	49-2 游泳池式反应堆	8	10	18
	中试厂核临界安全实验装置	5	18	23
	原型微型中子源反应堆	3	5	8
	中国实验快堆	22	14	36
	中国先进研究堆	9	11	20
	微堆零功率装置	3	4	7
中国核动力研究设计院	高通量工程试验堆	25	21	46
	岷江试验堆	7	11	18
	中国脉冲堆	6	2	8
	高通量工程试验堆临界装置	5	3	8
	18-5 临界装置	7	3	10
清华大学核能与新能源技术研究院	5 MW 低温核供热实验堆	14	11	25
	10 MW 高温气冷实验堆	21	6	27
深圳大学	深圳微堆	0	2	2
北京凯佰特科技股份有限公司	医院中子照射器	0	2	2
中国科学院上海应用物理研究所	2 MWt 液态燃料钍基熔盐实验堆	0	15	15
合计		135	138	273

截至 2021 年底，我国核燃料后处理设施共核发 53 张操纵人员执照，其中 9 人持有高级操纵员执照，44 人持有操纵员执照，详细情况见表 26。

表 26 我国核燃料后处理设施操纵人员执照统计

核设施营运单位	核设施名称	高级操纵员	操纵员	小计
中核四 0 四有限公司	动力堆乏燃料后处理设施	9	44	53
合计		9	44	53

第三节 民用核安全设备特种工艺人员

1. 民用核安全设备无损检验人员资质情况

2021 年，发布 4 批民用核安全设备无损检验人员考试计划，组织全国 5 家无损检验人员考核单位举行 23 场无损检验人员资格考试，颁发 8 批民用核安全设备无损检验人员资格证书，共批准 1 911 人、2 198 项。

截至 2021 年 12 月底，共计 6 456 人持有 15 390 张民用核安全设备无损检验资格证书，其中高级（Ⅲ级）证书 896 张，中级（Ⅱ级）证书 11 477 张，初级（Ⅰ级）证书 3 017 张。

历年数据见图 25，图 26，表 27。

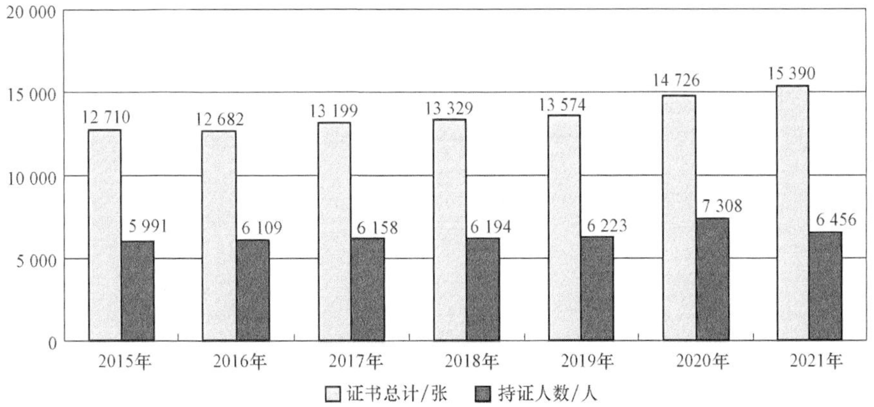

图 25 2015—2021 年无损检验人员持证人数及发证数量

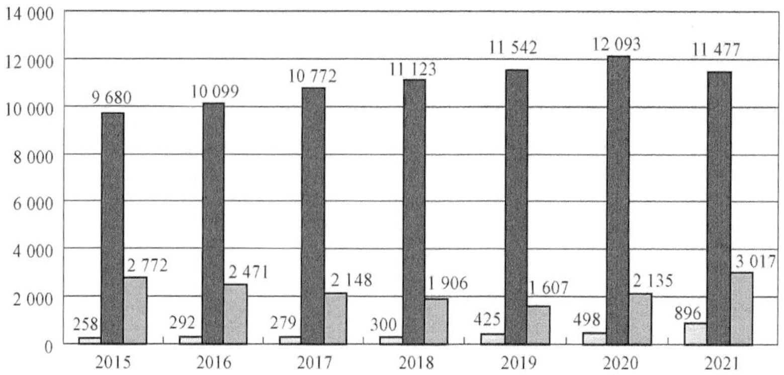

图 26　2015—2021 年无损检验人员证书类型

□ 高级证书/张　■ 中级证书/张　▩ 初级证书/张

表 27　2015—2021 年无损检验人员统计表

年度	高级证书/张	中级证书/张	初级证书/张	总计/张	持证人数/人
2021	**896**	**11 477**	**3 017**	**15 390**	**6 456**
2020	498	12 093	2 135	14 726	7 308
2019	425	11 542	1 607	13 574	6 223
2018	300	11 123	1 906	13 329	6 194
2017	279	10 772	2 148	13 199	6 158
2016	292	10 099	2 471	12 862	6 109
2015	258	9 680	2 772	12 710	5 991

2. 焊接人员资质情况

2021 年，发布 4 批民用核安全设备焊接人员考试计划，组织全国 13 家民用核安全设备焊接人员考核单位举行 37 场焊接人员资格考试，全年颁发 8 批民用核安全设备焊接人员资格证书，共批准 1 621 人、1 912 项。

截至 2021 年 12 月，共计 4 487 人持有 10 804 张民用核安全设备焊工焊接操作工资格证书，2 341 人持有 2 959 张民用核安全设备焊接人员资格证书。

第五章　法规标准

第一节　概　况

为了保证核与辐射安全法规的高质量，国家核安全局对核与辐射安全法规采取两审制的原则，即法规送审稿和报批稿（初稿）相关文件需提交国家核安全专家委员会审议，国家核安全专家委员会的部分委员会议包括每季度定期组织召开的季度专题例会和不定期召开的临时专题会议。2021 年，全年召开季度专题例会 4 次，正式发布《民用核设施操作人员资格管理规定》《核动力厂确定论安全分析》《核动力厂一级概率安全分析》等 20 项法规标准文件，其中部门规章 1 项、核安全导则 12 项、国家标准 1 项、环境标准 6 项，详见表 28；国家核安全专家委员会审议法规标准项目 23 项、34 项次，详见表 29。

表 28　2021 年发布的法规标准清单

序号	名称	类别	编号	发布形式	发布时间
1	民用核设施操作人员资格管理规定	规章	HAF001/01/01—2021	生态环境部令 第 22 号	2021 年 1 月 29 日
2	核动力厂确定论安全分析	导则	HAD102/19—2021	国核安发〔2021〕115 号	2021 年 5 月 19 日
3	核动力厂一级概率安全分析	导则	HAD102/20—2021	国核安发〔2021〕114 号	2021 年 5 月 19 日
4	核动力厂仪表和控制系统设计	导则	HAD102/10—2021	国核安发〔2021〕220 号	2021 年 9 月 29 日
5	核动力厂电力系统设计	导则	HAD102/13—2021	国核安发〔2021〕219 号	2021 年 9 月 29 日
6	核动力厂燃料装卸和贮存系统设计	导则	HAD102/15—2021		2021 年 12 月 17 日
7	核动力厂人因工程设计	导则	HAD102/21—2021	国核安发〔2021〕276 号	2021 年 12 月 17 日
8	乏燃料后处理设施安全	导则	HAD301/05—2021	国核安发〔2021〕87 号	2021 年 4 月 18 日
9	铀转化和铀浓缩设施的安全	导则	HAD301/06—2021	国核安发〔2021〕121 号	2021 年 5 月 28 日
10	核燃料循环前段设施安全分析报告标准格式与内容	导则	HAD301/01—2021	国核安发〔2021〕196 号	2021 年 9 月 3 日
11	低水平放射性固体废物贮存设施安全	导则	HAD401/13—2021	国核安发〔2021〕119 号	2021 年 5 月 24 日
12	核技术利用设施退役	导则	HAD401/14—2021	国核安发〔2021〕229 号	2021 年 10 月 14 日
13	核设施退役安全评价	导则	HAD401/15—2021	国核安发〔2022〕1 号	2022 年 1 月 5 日

续表

序号	名称	类别	编号	发布形式	发布时间
14	乏燃料运输容器结构分析的载荷组合和设计准则	标准	GB/T 41024—2021	生态环境部公告 2021 年第 35 号	2021 年 11 月 1 日
15	钢制乏燃料运输容器制造通用技术要求	标准	HJ 1202—2021	生态环境部公告 2021 年第 56 号	2021 年 11 月 13 日
16	放射性物品运输容器防脆性断裂的安全设计指南	标准	HJ 1201—2021	生态环境部公告 2021 年第 56 号	2021 年 11 月 13 日
17	放射性物品运输核与辐射安全分析报告书格式和内容	标准	HJ 1187—2021	生态环境部公告 2021 年第 37 号	2021 年 8 月 27 日
18	短波广播发射台电磁辐射环境监测方法	标准	HJ 1199—2021	生态环境部公告 2021 年第 52 号	2021 年 10 月 29 日
19	辐射环境监测技术规范	标准	HJ 61—2021	生态环境部公告 2021 年第 6 号	2021 年 2 月 24 日
20	核医学辐射防护与安全要求	标准	HJ 1188—2021	生态环境部公告 2021 年第 38 号	2021 年 9 月 6 日

表 29　2021 年核与辐射安全法规标准列专家委员会审议清单

序号	名称	制修订	项目进展	列会情况
	部门规章			
1	辐射环境监测管理办法	制定	报批稿初稿	第一季度
	核安全导则			
1	核燃料循环前端设施安全分析报告的标准格式与内容	修订	报批稿初稿	第一季度
2	核动力厂电力系统设计	修订	报批稿初稿	第一季度
3	核动力厂燃料装卸和贮存系统设计	修订	送审稿、报批稿初稿	第一季度
4	核动力厂人因工程设计	制定	送审稿、报批稿初稿	第一季度
5	核动力厂仪表和控制系统的设计	修订	报批稿初稿	第一季度
6	核动力厂运行经验反馈	制定	送审稿、报批稿初稿	第二、四季度
7	医疗、工业、农业、研究和教学中产生的放射性废物管理	制定	报批稿初稿	第三季度
8	核燃料后处理厂核材料衡算	制定	送审稿	第三季度
9	核动力厂辅助系统和支持系统设计	制定	送审稿、报批稿初稿	第三、四季度
10	核动力厂二级概率安全分析	制定	送审稿	第四季度
	标准			
1	短波广播发射台电磁辐射环境监测方法	制定	送审稿、报批稿初稿	第一、二季度
2	放射性物品运输核与辐射安全分析报告书格式和内容	修订	报批稿初稿	第一季度
3	放射治疗辐射安全与防护要求	制定	报批稿初稿	第一季度

续表

序号	名称	制修订	项目进展	列会情况
4	空气中氡的测量方法	修订	送审稿、报批稿初稿	第二、三季度
5	滨海核电厂温排水卫星遥感监测技术规范	制定	送审稿、报批稿初稿	第二、三季度
6	钢制乏燃料运输容器制造通用技术要求	制定	送审稿、报批稿初稿	第二、三季度
7	放射性物品运输容器防脆性断裂的安全设计指南	制定	送审稿、报批稿初稿	第二、三季度
8	六氟化铀容器	制定	送审稿、报批稿初稿	第二、三季度
9	放射源测井辐射安全与防护技术规范		报批稿初稿	第三季度
10	建设项目竣工环保验收技术规范 铀矿冶	制定	送审稿	第三季度
11	建设项目竣工环保验收技术规范 铀矿冶退役	制定	送审稿	第三季度
12	铀矿冶放射性废物辐射安全管理技术要求	修订	送审稿、报批稿初稿	第三、四季度

第二节　核与辐射安全法规体系

截至 2021 年 12 月底，我国现行的核与辐射安全法规共 138 项，其中法律 2 项，行政法规 7 项，部门规章 28 项，导则 101 项。自 2016 年以来，共制定或修订核与辐射安全法规 69 项，其中条例 2 项（根据国务院第 709 号令《国务院关于修改部分行政法规的决定》修改），部门规章 13 项，导则 34 项，规范性文件 16 项，技术文件 4 项。

1. 法律

见表 30。

表 30　法律

序号	名称	公布，施行时间
1	中华人民共和国放射性污染防治法	2003 年 6 月 28 日公布，2003 年 10 月 1 日施行
2	中华人民共和国核安全法	2017 年 9 月 1 日公布，2018 年 1 月 1 日施行

2. 条例

行政法规是由国务院根据宪法和法律制定并发布，具有强制力。我国核与辐射安全领域现行有效的行政法规共有 7 项，具体情况如表 31 所示。

表 31　行政法规

序号	名称	发布，施行时间	备注
1	中华人民共和国民用核设施安全监督管理条例	1986 年 10 月 29 日发布施行	
2	核电厂核事故应急管理条例	1993 年 8 月 4 日发布施行	
3	中华人民共和国核材料管制条例	1987 年 6 月 15 日发布施行	
4	民用核安全设备监督管理条例	2007 年 7 月 11 日发布，2008 年 1 月 1 日施行	2019 年 3 月 2 日修改（国务院第 709 号令《国务院关于修改部分行政法规的决定》）
5	放射性物品运输安全管理条例	2009 年 9 月 14 日发布，2010 年 1 月 1 日施行	
6	放射性同位素与射线装置安全和防护条例	2005 年 9 月 14 日发布，2005 年 12 月 1 日施行	2019 年 3 月 2 日修改（国务院第 709 号令《国务院关于修改部分行政法规的决定》）
7	放射性废物安全管理条例	2011 年 12 月 20 日发布，2012 年 3 月 1 日施行	

3. 部门规章与核安全导则

部门规章由国务院有关部门根据法律和国务院行政法规在本部门权力范围内制定并发布，具有法律约束力。我国核与辐射安全领域部门规章按照不同领域进行分类管理，分为 10 个系列，包括通用系列、核动力厂系列、研究堆系列、非堆核燃料循环设施系列、放射性废物管理系列、核材料管制系列、民用核安全设备监督管理系列、放射性物品运输管理系列、放射性同位素和射线装置监督管理系列以及辐射环境系列。

核安全导则是由国家核安全局制定并发布，是对相应系列部门规章的细化和补充，因此核安全导则与部门规章相对应，也分为 10 个系列。

1）通用系列

目前，通用系列部门规章有 10 项，该系列部门规章是对所有系列的通用安全要求，包括许可、质量保证、应急等。核安全导则有 17 项，主要是对质量保证、应急准备和响应的补充和说明。如表 32 所示。

表 32　通用系列部门规章及导则列表

序号	编号	名称	发布、施行时间
部门规章			
1	HAF001/01—2019	核动力厂、研究堆、核燃料循环设施安全许可程序规定	2019 年 8 月 26 日发布，2019 年 10 月 1 日施行
2	HAF001/01/01—2021	民用核设施操作人员资格管理规定	2021 年 1 月 29 日发布，2021 年 7 月 1 日施行

续表

序号	编号	名称	发布、施行时间
3	HAF001/02—1995	民用核设施安全监督管理条例实施细则之二：核设施的安全监督	1995年6月14日发布，1995年10月1日施行
4	HAF001/02/01—2020	核动力厂营运单位核安全报告规定	2020年11月16日发布，2021年1月1日施行
5	HAF001/02/02—1995	民用核设施安全监督管理条例实施细则之二 附件二：研究堆营运单位报告制度	1995年6月14日发布施行
6	HAF001/02/03—1995	民用核设施安全监督管理条例实施细则之二 附件三：核燃料循环设施的报告制度	1995年6月14日发布施行
7	HAF002/01—1998	核电厂核事故应急管理条例实施细则之一：核电厂营运单位的应急准备和应急响应	1998年5月12日发布施行
8	HAF003—1991	核电厂质量保证安全规定布施行	1991年7月27日发布施行
9	HAF004—2013	核与辐射安全监督检查人员证件管理办法	2013年12月30日发布，2014年3月1日施行
10		核动力厂管理体系安全规定	2020年12月31日发布，2021年3月1日施行
		导则	
1	HAD002/01—2019	核动力厂营运单位的应急准备和应急响应	
2	HAD002/02—1990	地方政府对核动力厂的应急准备	
3	HAD002/03—1991	核事故辐射应急时对公众防护的干预原则和水平	
4	HAD002/04—1991	核事故辐射应急时对公众防护的导出干预水平	
5	HAD002/05—1992	核事故医学应急准备和响应	
6	HAD002/06—2019	研究堆营运单位的应急准备和应急响应	
7	HAD002/07—2019	核燃料循环设施营运单位的应急准备和应急响应	
8	HAD003/01—1988	核电厂质量保证大纲的制定	
9	HAD003/02—1989	核电厂质量保证组织	
10	HAD003/03—1986	核电厂物项和服务采购中的质量保证	
11	HAD003/04—1986	核电厂质量保证记录制度	
12	HAD003/05—1988	核电厂质量保证监查	
13	HAD003/06—1986	核电厂设计中的质量保证	
14	HAD003/07—1987	核电厂建造期间的质量保证	
15	HAD003/08—1986	核电厂物项制造中的质量保证	
16	HAD003/09—1988	核电厂调试和运行期间的质量保证	
17	HAD003/10—1989	核燃料组件采购、设计和制造中的质量保证	

2）核动力厂系列

目前，核动力厂系列部门规章有4项，对核动力厂选址安全、设计安全以及运行安全提出了明确要求。导则有42项，其中12项是对选址安全的细化和补充，18项是对设计安全的细化和补充，12项是对运行安全的细化和补充，如表33所示。

表 33 核动力厂系列部门规章及导则列表

序号	编号	名称	发布施行时间
部门规章			
1	HAF101—1991	核电厂厂址选择安全规定	1991 年 7 月 27 日发布施行
2	HAF102—2016	核动力厂设计安全规定	2016 年 10 月 26 日发布施行
3	HAF103—2004	核动力厂运行安全规定	2004 年 4 月 18 日发布施行
4	HAF103/01—1994	核电厂运行安全规定附件一：核电厂换料、修改和事故停堆管理	1994 年 3 月 2 日发布施行
导则			
1	HAD101/01—1994	核电厂厂址选择中的地震问题	
2	HAD101/02—1987	核电厂厂址选择的大气弥散问题	
3	HAD101/03—1987	核电厂厂址选择及评价的人口分布问题	
4	HAD101/04—1989	核电厂厂址选择的外部人为事件	
5	HAD101/05—1991	核电厂厂址选择的放射性物质水力弥散问题	
6	HAD101/06—1991	核电厂厂址选择与水文地质的关系	
7	HAD101/07—1989	核电厂厂址查勘	
8	HAD101/08—1989	滨河核电厂厂址设计基准洪水的确定	
9	HAD101/09—1990	滨海核电厂厂址设计基准洪水的确定	
10	HAD101/10—1991	核电厂厂址选择的极端气象事件（不包括热带气旋）	
11	HAD101/11—1991	核电厂设计基准热带气旋	
12	HAD101/12—1990	核电厂的地基安全问题	
13	HAD102/01—1989	核电厂设计中总的安全原则	
14	HAD102/02—2019	核动力厂抗震设计与鉴定	
15	HAD102/03—1986	用于沸水堆、压水堆和压力管式反应堆的安全功能和部件分级	
16	HAD102/04—2019	核动力厂内部危险（火灾和爆炸除外）的防护设计	
17	HAD102/05—1989	与核电厂设计有关的外部人为事件	
18	HAD102/06—2020	核动力厂反应堆安全壳及其有关系统的设计	
19	HAD102/07—2020	核动力厂反应堆堆芯设计	
20	HAD102/08—2020	核动力厂反应堆冷却剂系统及其有关系统的设计	
21	HAD102/10—2021	核动力厂仪表和控制系统设计	
22	HAD102/11—2019	核动力厂防火与防爆设计	
23	HAD102/12—2019	核动力厂辐射防护设计	
24	HAD102/13—2021	核动力厂电力系统设计	
25	HAD102/15—2021	核动力厂燃料装卸和贮存系统设计	
26	HAD102/17—2006	核动力厂安全评价与验证	
27	HAD102/18—2017	核动力厂安全分析用计算机软件开发与应用（试行）	

续表

序号	编号	名称	发布施行时间
28	HAD102/19—2021	核动力厂确定论安全分析	
29	HAD102/20—2021	核动力厂一级概率安全分析	
30	HAD102/21—2021	核动力厂人因工程设计	
31	HAD103/01—2004	核动力厂运行限值和条件及运行规程	
32	HAD103/02—1987	核电厂调试程序	
33	HAD103/03—1989	核电厂堆芯和燃料管理	
34	HAD103/04—1990	核电厂运行期间的辐射防护	
35	HAD103/05—2013	核动力厂人员的招聘、培训和授权	
36	HAD103/06—2006	核动力厂营运单位的组织和安全运行管理	
37	HAD103/07—1988	核电厂在役检查	
38	HAD103/08—1993	核电厂维修	
39	HAD103/09—1993	核电厂安全重要物项的监督	
40	HAD103/10—2004	核动力厂运行防火安全	
41	HAD103/11—2006	核动力厂定期安全审查	
42	HAD103/12—2012	核动力厂老化管理	

3）研究堆系列

目前，研究堆系列部门规章 2 项，分别对研究堆的设计和运行安全进行了明确规定。导则 10 项，其中 1 项是对设计安全的细化和补充，另外 9 项是对运行安全的细化和补充，如表 34 所示。

表 34 研究堆系列部门规章及导则列表

序号	编号	名称	发布、施行时间
部门规章			
1	HAF201—1995	研究堆设计安全规定	1995 年 6 月 6 日发布，1995 年 10 月 1 日施行
2	HAF202—1995	研究堆运行安全规定	1995 年 6 月 6 日发布，1995 年 10 月 1 日施行
导则			
1	HAD201/01—1996	研究堆安全分析报告的格式和内容	
2	HAD202/01—1989	研究堆运行管理	
3	HAD202/02—1989	临界装置运行及实验管理	
4	HAD202/03—1996	研究堆的应用和修改	
5	HAD202/04—1992	研究堆和临界装置退役	
6	HAD202/05—2010	研究堆调试	

续表

序号	编号	名称	发布、施行时间
7	HAD202/06—2010	研究堆维修、定期试验和检查	
8	HAD202/07—2012	研究堆堆芯管理和燃料装卸	
9	HAD202/08—2017	研究堆定期安全审查	
10	HAD202/09—2017	研究堆长期停堆安全管理	

4）非堆核燃料循环设施系列

目前，非堆核燃料循环设施系列部门规章 1 项，对核燃料循环设施安全提出了明确要求，6 项导则是对部门规章的细化和补充，如表 35 所示。

表 35　非堆核燃料循环设施系列部门规章及导则列表

序号	编号	名称	发布、施行时间
部门规章			
1	HAF301—1993	民用核燃料循环设施安全规定	1993 年 6 月 17 日发布施行
导则			
1	HAD301/01—2021	核燃料循环前段设施安全分析报告标准格式与内容	
2	HAD301/02—1998	乏燃料贮存设施的设计	
3	HAD301/03—1998	乏燃料贮存设施的运行	
4	HAD301/04—1998	乏燃料贮存设施的安全评价	
5	HAD301/05—2021	乏燃料后处理设施安全	
6	HAD301/06—2021	铀转化和铀浓缩设施的安全	

5）放射性废物管理系列

目前，放射性废物管理系列部门规章 2 项，分别对废物安全监督管理、固体废物贮存和处置许可管理进行了明确规定。导则 13 项，均是对废物安全监督管理规定的细化和补充。如表 36 所示。

表 36 放射性废物管理系列部门规章及导则列表

序号	编号	名称	发布、施行时间
部门规章			
1	HAF401—1997	放射性废物安全监督管理规定	1997 年 11 月 5 日发布施行
2	HAF402—2019	放射性固体废物贮存和处置许可管理办法	2013 年 12 月 30 日发布， 2014 年 3 月 1 日施行， 2019 年 8 月 22 日修改
导则			
1	HAD401/01—1990	核电厂放射性排出流和废物管理	

续表

序号	编号	名称	发布、施行时间
2	HAD401/02—1997	核电厂放射性废物管理系统的设计	
3	HAD401/03—1997	放射性废物焚烧设施的设计与运行	
4	HAD401/05—1998	放射性废物近地表处置场选址	
5	HAD401/06—2013	高水平放射性废物地质处置设施选址	
6	HAD401/08—2016	核设施放射性废物最小化	
7	HAD401/09—2019	放射性废物处置设施的监测和检查	
8	HAD401/10—2020	放射性废物地质处置设施	
9	HAD401/11—2020	核技术利用放射性废物最小化	
10	HAD401/12—2020	核设施放射性废物处置前管理	
11	HAD401/13—2021	低水平放射性固体废物贮存设施安全	
12	HAD401/14—2021	核技术利用设施退役	
13	HAD401/15—2021	核设施退役安全评价	

6）核材料管制系列

目前，核材料管制系列部门规章 1 项，对于核材料管制提出了明确的要求，8 项导则是对要求的细化和补充，如表 37 所示。

表 37　核材料管制系列部门规章及导则列表

序号	编号	名称	发布、施行时间
部门规章			
1	HAF501/01—1990	中华人民共和国核材料管制条例实施细则	1990 年 9 月 25 日发布施行
导则			
1	HAD501/01—2008	低浓铀转换及元件制造厂核材料衡算	
2	HAD501/02—2018	核设施实物保护	
3	HAD501/03—2005	核设施周界入侵报警系统	
4	HAD501/04—2008	核设施出入口控制	
5	HAD501/05—2008	核材料运输实物保护	
6	HAD501/06—2008	核设施实物保护和核材料衡算与控制安全分析报告格式和内容	
7	HAD501/07—2008	核动力厂核材料衡算	
8	HAD501/08—2020	核动力厂实物保护视频监控系统	

7）民用核安全设备监督管理系列

目前，民用核安全设备监督管理系列部门规章 4 项，涉及民用核安全设备设计制造安装和无损检验监督管理、无损检验人员资格管理、焊接人员资格管理以及进口民用核安全设备的监督管理。2项导则均是对民用核安全设备设计制造安装和无损检验监督管理规定的细化和补充，如表38所示。

表38 民用核安全设备监督管理系列部门规章及导则列表

序号	编号	名称	发布、施行时间
部门规章			
1	HAF601—2019	民用核安全设备设计制造安装和无损检验监督管理规定	2007年12月28日发布，2008年1月1日施行；2019年8月22日经生态环境部令第7号修改
2	HAF602—2019	民用核安全设备无损检验人员资格管理规定	2007年12月28日发布，2008年1月1日施行。2019年6月13日修订版发布，部令第6号，2020年1月1日起施行
3	HAF603—2019	民用核安全设备焊接人员资格管理规定	2007年12月28日发布，2008年1月1日施行。2019年6月12日修订版发布，部令第5号，2020年1月1日起施行
4	HAF604—2019	进口民用核安全设备监督管理规定	2007年12月28日发布，2008年1月1日施行；2019年8月22日经生态环境部令第7号修改
导则			
1	HAD601/01—2013	民用核安全机械设备模拟件制作（试行）	
2	HAD601/02—2013	民用核安全设备安装许可证申请单位技术条件（试行）	

8）放射性物品运输管理系列

目前，放射性物品运输管理系列部门规章2项，分别对许可和监督提出了安全要求，导则2项是对许可安全的细化和补充，如表39所示。

表39 放射性物品运输管理系列部门规章及导则列表

序号	编号	名称	发布、施行时间
部门规章			
1	HAF701—2021	放射性物品运输安全许可管理办法	2010年9月25日发布，2010年11月1日施行；2019年8月22日经生态环境部令第7号修改；2021年1月4日根据部令第20号《关于废止、修改部分生态环境规章和规范性文件的决定》修改
2	HAF702—2016	放射性物品运输安全监督管理办法	2016年3月14日发布，2016年5月1日施行

续表

序号	编号	名称	发布、施行时间
导则			
1	HAD701/01—2010	放射性物品运输容器设计安全评价（分析）报告的标准格式和内容	
2	HAD701/02—2014	放射性物品运输核与辐射安全分析报告书标准格式和内容	

9）放射性同位素和射线装置监督管理系列

目前，放射性同位素和射线装置监督管理系列部门规章 2 项，主要是对放射性同位素与射线装置安全许可以及安全和防护方面提出安全要求，导则 1 项，如表 40 所示。

表 40　放射性同位素和射线装置监督管理系列部门规章及导则列表

序号	编号	名称	发布、施行时间
部门规章			
1	HAF801—2021	放射性同位素与射线装置安全许可管理办法	2006 年 1 月 18 日发布，2006 年 3 月 1 日施行。2008 年 12 月 6 日修正，2017 年 12 月 20 日第二次修正；2019 年 8 月 22 日经生态环境部令第 7 号修改；2021 年 1 月 4 日根据部令第 20 号《关于废止、修改部分生态环境规章和规范性文件的决定》修改
2	HAF802—2011	放射性同位素与射线装置安全和防护管理办法	2011 年 4 月 18 日发布，2011 年 5 月 1 日施行
导则			
1	HAD802/01—2017	城市放射性废物库安全防范系统要求	

4. 规范性文件

行政规范性文件是除国务院的行政法规、决定、命令以及部门规章和地方政府规章外，由行政机关或者经法律、法规授权的具有管理公共事务职能的组织（以下统称行政机关）依照法定权限、程序制定并公开发布，涉及公民、法人和其他组织权利义务，具有普遍约束力，在一定期限内反复适用的公文。制发行政规范性文件是行政机关依法履行职能的重要方式，直接关系群众切身利益，事关政府形象。同样，国家核安全局在履行核安全监管职责过程中，根据实际工作需要也发布了大量的规范性文件。按照《生态环境部行政规范性文件制定和管理办法》中的限定，对具体事项的通报、通知、批复以及行政处理决定等文件，不属于部规范性文件。据此，本报告梳理了核与辐射安全领域现行的规范性文件 40 项，如表 41 所示。

表 41　核与辐射安全领域现行的规范性文件列表

序号	名称	发文号
1	核安全文化政策声明	国核安发〔2014〕286 号
2	改进核电厂维修有效性的技术政策（试行）	国核安发〔2017〕173 号
3	核安全信息公开办法	国环规核设〔2020〕1 号
4	核动力厂营运单位核安全报告指南	公告 2020 年第 58 号
5	核动力厂网络安全技术政策	国核安发〔2020〕298 号
6	核电厂配置风险管理的技术政策（试行）	国核安发〔2019〕262 号
7	小型压水堆核动力厂安全审评原则（试行）	国核安发〔2016〕1 号
8	《核电厂运行许可证》有效期限延续的技术政策（试行）	国核安发〔2015〕280 号
9	重水核电厂运行事件判定准则	国核安发〔2012〕249 号
10	福岛核事故后核电厂改进行动通用技术要求（试行）	国核安发〔2012〕98 号
11	运行核电厂经验反馈管理办法（试行）	国核安发〔2012〕65 号
12	核动力厂调试大纲格式和内容	核电函〔2021〕34 号
13	核动力厂装料前调试报告格式和内容	核电函〔2021〕35 号
14	乏燃料后处理设施安全要求（试行）	国环规辐射〔2018〕2 号
15	民用核燃料循环设施分类原则与基本安全要求（试行）	国环规辐射〔2016〕1 号
16	核电厂内乏燃料干法贮存系统核安全监管要求（试行）	国核安发〔2015〕281 号
17	放射性废物分类	公告 2017 年第 65 号
18	放射性物品分类和名录（试行）	环境保护部公告 2010 年第 31 号
19	民用核安全设备焊接人员操作考试技术要求（试行）	国核安发〔2019〕238 号
20	民用核安全设备核安全 2、3 级泵设计和制造单位资格条件（试行）	国核安发〔2018〕162 号
21	民用核安全设备核安全 1 级铸锻件制造单位资格条件（试行）	国核安发〔2018〕162 号
22	民用核安全设备核安全 1、2、3 级阀门设计和制造单位资格条件	国核安发〔2017〕295 号
23	民用核安全设备核安全 1、2、3 级管道制造单位资格条件	国核安发〔2017〕295 号
24	民用核安全设备核安全级成套开关设备和控制设备设计和制造单位资格条件	国核安发〔2017〕295 号
25	民用核安全机械设备设计和制造活动不能分包的关键工艺和技术（2016 年修订）	国核安发〔2016〕211 号
26	民用核安全设备制造阶段不符合项监督管理要求（试行）	国核安发〔2016〕84 号
27	核电厂在役检查无损检验技术能力验证实施办法（试行）	国核安发〔2015〕193 号
28	民用核安全设备调配管理要求（2021 年修订）	国核安函〔2021〕63 号
29	射线装置分类	公告 2017 年第 66 号
30	关于 γ 射线探伤装置的辐射安全要求	环发〔2007〕8 号
31	国家核技术利用辐射安全管理系统管理规定	环办〔2012〕83 号

续表

序号	名称	发文号
32	放射源编码规则	环发〔2004〕118 号
33	放射源分类办法	原国家环境保护总局公告 2005 年第 62 号
34	关于规范放射性同位素与射线装置豁免备案管理工作的通知	环办辐射〔2018〕49 号
35	伴生放射性矿开发利用企业环境辐射监测及信息公开办法（试行）	国环规辐射〔2018〕1 号
36	矿产资源开发利用辐射环境影响评价专篇格式与内容（试行）	环办〔2015〕1 号
37	核与辐射建设项目环境影响评价机构监督检查实施办法	环办辐射函〔2016〕469 号
38	核电厂维修规则实施大纲编制指南	核电函〔2020〕12 号
39	核电厂维修大纲的格式和内容	核电函〔2020〕13 号
40	中国核电厂设备可靠性数据报告（2020 版）	国核安发〔2020〕302 号

第三节　核与辐射安全标准

截至 2021 年 12 月 31 日，生态环境部（国家核安全局）制定或管理的现行有效核与辐射安全标准共 130 项。

2021 年生态环境部批准发布标准 7 项，其中国家标准（GB）1 项、行业标准（HJ）6 项。

详细信息见表 42、表 43。

表 42　现行有效核与辐射安全标准数量统计（含认可标准）

序号	标准类别	数量
1	通用	5
2	核动力厂	25
3	研究堆	1
4	非堆核燃料循环设施	3
5	放射性废物管理	19
6	核燃料管制	0
7	民用核安全设备监督管理	0
8	放射性物品运输管理	5
9	放射性同位素和射线装置	9
10	辐射环境	63
11	总计	130

表 43　现行有效核与辐射安全标准（含认可标准）

序号	标准号	标准名称
	第 0 部分：通用系列	
1	HJ 842—2017	压水堆核电厂应急相关参数
2	HJ 843—2017	研究堆应急相关参数
3	HJ 844—2017	核燃料循环设施应急相关参数
4	HJ 1127—2020	应急监测中环境样品 γ 核素测量技术规范
5	HJ 1128—2020	核动力厂核事故环境应急监测技术规范
	第 1 部分：核动力厂系列	
6	GB 6249—2011	核动力厂环境辐射防护规定（代替 GB 6249—86）
7	HJ 808—2016	环境影响评价技术导则核电厂环境影响报告书的格式和内容 （代替 NEPA-RG1，1988）
8	HJ 1213—2021	滨海核电厂温排水卫星遥感监测技术规范（试行）
9	NB/T 20035—2011（2014RK）	压水堆核电厂工况分类
10	NB/T 20037.1—2017RK	应用于核电厂的一级概率安全评价　第 1 部分：总体要求
11	NB/T 20037.6—2017RK	应用于核电厂的一级概率安全评价　第 6 部分：功率运行其他外部事件筛选和保守分析
12	NB/T 20037.7—2017RK	应用于核电厂的一级概率安全评价　第 7 部分：功率运行强风
13	NB/T 20037.10—2017RK	应用于核电厂的一级概率安全评价　第 10 部分：功率运行抗震裕度评价
14	NB/T 20037.11—2018RK	应用于核电厂的一级概率安全评价　第 11 部分：低功率和停堆工况内部事件
15	NB/T 20100—2016RK	压水堆核电厂反应堆冷却剂系统和主蒸汽系统超压分析要求
16	NB/T 20402—2017RK	压水堆安全重要流体系统单一故障准则
17	NB/T 20403—2017RK	压水堆核电厂隔间压力与温度瞬态分析
18	NB/T 20404—2017RK	压水堆核电厂安全壳压力和温度瞬态分析
19	NB/T 20406—2017RK	压水堆核电厂流体系统的安全壳隔离装置
20	NB/T 20434—2017RK	压水堆核电厂反应堆首次装料试验
21	NB/T 20435—2017RK	压水堆核电厂反应堆调试启动堆芯物理试验
22	NB/T 20443—2017RK	核电厂运行辐射防护规定
23	NB/T 20444—2017RK	压水堆核电厂设计基准事故源项分析准则
24	NB/T 20446—2017RK	压水堆核电厂主蒸汽系统设计要求
25	NB/T 20447—2017RK	与反应堆冷却剂压力边界相连的低压系统的超压保护
26	NB/T 20449—2017RK	核电厂应急柴油发电机组燃油系统设计准则
27	NB/T 20470—2017RK	核电厂选址假想事故源项分析准则
28	NB/T 20472—2017RK	压水堆核电厂核岛工艺系统管道布置设计准则
29	NB/T 20473—2017RK	核电厂应急柴油发电机压缩空气启动系统设计准则
30	NB/T 20485—2018RK	核电厂应急柴油发电机组设计和试验要求

续表

序号	标准号	标准名称
	第 2 部分：研究堆系列	
31	HJ/T 5.1—93	核设施环境保护管理导则研究堆环境影响报告书的格式与内容
	第 3 部分：非堆核燃料循环设施系列	
32	GB 14586—93	铀矿冶设施退役环境管理技术规定
33	HJ 1015.1—2019	环境影响评价技术导则　铀矿冶
34	HJ 1015.2—2019	环境影响评价技术导则　铀矿冶退役
	第 4 部分：放射性废物系列	
35	GB 7023—86	放射性废物固化体长期浸出试验
36	GB 9132—2018	低、中水平放射性固体废物近地表处置安全规定（代替 GB 9132—1988，GB 16933—1997）
37	GB 11928—1989	低、中水平放射性固体废物暂时贮存规定
38	GB 11929—2011	高水平放射性废液贮存厂房设计规定
39	GB 12711—2018	低、中水平放射性固体废物包安全标准（代替 GB 12711—1991）
40	GB 13600—92	低中水平放射性固体废物的岩洞处置规定
41	GB 13695—92	核燃料循环放射性流出物归一化排放量管理限值
42	GB 14500—2002	放射性废物管理规定
43	GB 14569.1—2011	低、中水平放射性废物固化体性能要求-水泥固化体（代替 GB 14569.1—93）
44	GB 14569.3—1995	低、中水平放射性废物固化体性能要求-沥青固化体
45	GB 14585—93	铀、钍矿冶放射性废物安全管理技术规定
46	GB/T 15444—95	铀加工及核燃料制造设施流出物的放射性活度监测规定
47	GB/T 15950—1995	低、中水平放射性废物近地表处置场环境辐射监测的一般要求
48	GB/T 19597—2004	核设施退役安全要求
49	GB 36900.1—2018	低、中水平放射性废物高完整性容器——球墨铸铁容器
50	GB 36900.2—2018	低、中水平放射性废物高完整性容器——混凝土容器
51	GB 36900.3—2018	低、中水平放射性废物高完整性容器——交联高密度聚乙烯容器
52	HJ/T 5.2—93	核设施环境保护管理导则放射性固体废物浅地层处置环境影响报告书的格式与内容
53	HJ/T 23—1998	低、中水平放射性废物近地表处置设施的选址
	第 7 部分：放射性物品运输系列	
54	GB 11806—2019	放射性物品安全运输规程（代替 GB 11806—2004）
55	GB/T 41024—2021	乏燃料运输容器结构分析的载荷组合和设计准则
56	HJ 1187—2021	放射性物品运输核与辐射安全分析报告书格式和内容
57	HJ 1201—2021	放射性物品运输容器防脆性断裂的安全设计指南
58	HJ 1202—2021	钢制乏燃料运输容器制造通用技术要求

续表

序号	标准号	标准名称
	第 8 部分：放射性同位素和射线装置系列	
59	GB 4075—2009	密封放射源　一般要求和分级
60	GB 5172—1985	粒子加速器辐射防护规定
61	GB 10252—2009	γ 辐照装置的辐射防护与安全规范
62	GB 11930—2010	操作非密封源的辐射防护规定
63	GB 14052—1993	安装在设备上的同位素仪表的辐射安全性能要求
64	GB 15849—1995	密封放射源的泄漏检验方法
65	HJ 10.1—2016	辐射环境保护管理导则核技术利用建设项目环境影响评价文件的内容和格式（代替 HJ/T 10.1—1995）
66	HJ 785—2016	电子直线加速器工业 CT 辐射安全技术规范
67	HJ 979—2018	电子加速器辐照装置辐射安全和防护
	第 9 部分：辐射环境系列	
68	GB 6763—86	建筑材料用工业废渣放射性物质限制标准
69	GB 8702—2014	电磁环境控制限值（代替 GB 8702—88，GB 9175—88）
70	GB 8999—2021	电离辐射监测质量保证通用要求（代替 GB 8999—1988、GB 11216—1989）
71	GB 11214—89	水中镭-226 的分析测定
72	GB 11215—89	核辐射环境质量评价的一般规定
73	GB 11216—89	核设施流出物和环境放射性监测质量保证计划的一般要求
74	GB 11217—89	核设施流出物监测的一般规定
75	GB 11218—89	水中镭的 α放射性核素的测定
76	GB 11222.2—89	生物样品灰中锶-90 的放射化学分析方法离子交换法
77	GB 11224—89	水中钍的分析方法
78	GB 11338—89	水中钾-40 的分析方法
79	GB 12379—90	环境核辐射监测规定
80	GB 14317—93	核热电厂辐射防护规定
81	GB/T 14582—93	环境空气中氡的标准测量方法（需与 HJ 1212—2021 结合使用）
82	GB/T 14584—93	空气中碘-131 的取样与测定
83	GB 14588—93	反应堆退役环境管理技术规定
84	GB 15847—1995	核临界事故剂量测定
85	GB 15848—2009	铀矿地质勘查辐射防护和环境保护规定
86	GB 18871—2002	电离辐射防护与辐射源安全基本标准
87	GB 20664—2006	有色金属矿产品的天然放射性限值
88	GB 23726—2009	铀矿冶辐射环境监测规定
89	GB 23727—2020	铀矿冶辐射防护和辐射环境保护规定（代替 GB 23727—2009）

续表

序号	标准号	标准名称
90	GB/T 23728—2009	铀矿冶辐射环境影响评价规定
91	GB 27742—2011	可免于辐射防护监管的物料中放射性核素活度浓度
92	GB 39220—2020	直流输电工程合成电场限值及其监测方法
93	HJ/T 10.2—1996	辐射环境保护管理导则，电磁辐射监测仪器和方法（部分被 HJ 1136—2020 替代）
94	HJ/T 10.3—1996	辐射环境保护管理导则，电磁辐射环境影响评价方法与标准
95	HJ/T 21—1998	核设施水质监测采样规定
96	HJ/T 22—1998	气载放射性物质取样一般规定
97	HJ 24—2020	环境影响评价技术导则，输变电
98	HJ 53—2000	拟开放场址土壤中剩余放射性可接受水平规定（暂行）
99	HJ 61—2021	辐射环境监测技术规范（代替 HJ/T 61—2001）
100	HJ 681—2013	交流输变电工程电磁环境监测方法（试行）
101	HJ 705—2020	建设项目竣工环境保护验收技术规范，输变电（代替 HJ 705—2014）
102	HJ 813—2016	水中钋-210 的分析方法（代替 GB 12376—90）
103	HJ 814—2016	水和土壤样品中钚的放射化学分析方法（代替 GB 11225—89，GB 11219.1—89 和 GB 11219.2—89）
104	HJ 815—2016	水和生物样品灰中锶-90 的放射化学分析方法（代替 GB 6766—86、GB 6764—86、GB 6765—86 和 GB 11222.1—89）
105	HJ 816—2016	水和生物样品灰中铯-137 的放射化学分析方法（代替 GB 6767—86，GB 11221—89）
106	HJ 840—2017	环境样品中微量铀的分析方法（代替 GB 6768—86，GB 11220.1—89，GB 11223.2—89，GB 11223.1—89，GB 12378—90，GB 12377—90）
107	HJ 841—2017	水、牛奶、植物、动物甲状腺中碘-131 的分析方法（代替 GB/T 13272—91，GB/T 14674—93，GB/T 13273—91）
108	HJ 898—2017	水质总 α放射性的测定　厚源法
109	HJ 899—2017	水质总 β放射性的测定　厚源法
110	HJ 969—2018	核动力厂运行前辐射环境本底调查技术规范
111	HJ 972—2018	移动通信基站电磁辐射环境监测方法
112	HJ 1009—2019	辐射环境空气自动监测站运行技术规范
113	HJ 1037—2019	核动力厂取排水环境影响评价指南（试行）
114	HJ 1056—2019	核动力厂液态流出物中 ^{14}C 分析方法—湿法氧化法
115	HJ 1112—2020	环境影响评价技术导则，广播电视
116	HJ 1113—2020	输变电建设项目环境保护技术要求
117	HJ 1114—2020	伴生放射性物料贮存及固体废物填埋辐射环境保护技术规范（试行）
118	HJ 1126—2020	水中氚的分析方法
119	HJ 1129—2020	就地高纯锗谱仪测量土壤中 γ 核素技术规范

续表

序号	标准号	标准名称
120	HJ 1135—2020	环境影响评价技术导则，卫星地球上行站
121	HJ 1136—2020	中波广播发射台电磁辐射环境监测方法（替代 HJ/T 10.2—1996 作为中波广播发射台电磁辐射环境监测的执行标准）
122	HJ 1148—2020	伴生放射性矿开发利用项目竣工辐射环境保护验收监测报告的格式与内容
123	HJ 1149—2020	环境空气，气溶胶中 γ 放射性核素的测定滤膜压片/γ 能谱法
124	HJ 1151—2020	5G 移动通信基站电磁辐射环境监测方法（试行）
125	HJ 1152—2020	建设项目竣工环境保护验收技术规范，广播电视
126	HJ 1155—2020	辐射事故应急监测技术规范
127	HJ 1157—2021	环境 γ 辐射剂量率测量技术规范
128	HJ 1188—2021	核医学辐射防护与安全要求
129	HJ 1199—2021	短波广播发射台电磁辐射环境监测方法
130	HJ 1212—2021	环境空气中氡的测量方法（实施之日起，GB/T 14582—93 在相应的国家放射性污染防治标准实施中停止执行）

第六章 政策规划

第一节 概 况

1. 核安全规划

新中国成立以来，根据宪法规定，我国实行国民经济与社会发展规划与计划的方针。自 1953 年我国编制了第一个国民经济与社会发展五年计划以来，先后共编制了十四次五年国民经济与社会发展规划（或计划）。《核安全与放射性污染防治“十二五”规划及 2020 年远景目标》是在日本福岛核事故后紧急出台的，是我国核安全领域的第一部国家级专项规划，2012 年 9 月获国务院批复，同年 10 月由原环境保护部（国家核安全局）、国家发展和改革委员会、财政部、国家能源局、国家国防科技工业局联合发布。2017 年 2 月，《核安全与放射性污染防治“十三五”规划及 2025 年远景目标》获国务院批复。2017 年 9 月 1 日颁布的《中华人民共和国核安全法》规定：“国务院核安全监督管理部门会同国务院有关部门编制国家核安全规划，报国务院批准后组织实施”，以法律的形式固化了核安全规划编制工作机制。表 44 列举了近年来核安全规划发布的时间列表。2020 年，生态环境部（国家核安全局）组织开展了《“十四五”核安全与放射性污染防治规划》（以下简称“规划”）编制工作，以及《核安全与放射性污染防治“十三五”规划及 2025 年远景目标》终期评估工作。并于 2021 年年底完成规划（送审稿）编制。

表 44　核安全规划发布时间列表

序号	核安全规划	发布时间
1	《核安全与放射性污染防治“十二五”规划及 2020 年远景目标》	2012 年 10 月
2	《核安全与放射性污染防治“十三五”规划及 2025 年远景目标》	2017 年 2 月
3	《“十四五”核安全与放射性污染防治规划》	于 2022 年批复

2. 核安全政策

核与辐射安全政策研究作为新时期我国核安全监管的常规工作，对核与辐射安全相关的重大议题政策、经济政策、法律政策、国际政策、体制改革和监管机制等开展调查和研究，为管理和决策提供决策建议和科学依据。经历了 2020 年的新冠肺炎疫情防控狙击战这场没有硝烟的战争，我们迎来了收获颇丰的 2021 年，进一步落实双碳目标、深入打好污染防治攻坚战、疫情的反复发作等诸多事件对我国核与辐射安全产生了诸多影响，政策研究主要工作内容以核安全政策研究解读、重点热点问题跟踪研究、违规造假防控和技术支持为主，有序开展各项研究工作，并形成相关研究报告。

第二节　规划制定与执行情况

1. 核安全“十四五”规划制定进展

2021 年，生态环境部核与辐射安全中心政策法规研究所规划编制团队在生态环境部（国家核安全局）的领导下，在巩固转化 2020 年规划前期研究工作的基础上，深入开展《“十四五”核安全与放射性污染防治规划》编制工作。2021 年 1 月至 2 月，核安全“十四五”规划公开征求地方生态环境部门、涉核企事业单位，以及生态环境部内相关司局、各地区监督站和技术支持单位意见。3 月，根据全国“两会”精神修改完善，并提交核安全与环境专家委员会审议。5 月，完成生态环境部外征求意见。10 月，完成规划（送审稿）编制、论证和部内审查。11 月，组织召开核安全“十四五”规划编制工作领导小组会议，审议规划（送审稿）和“十三五”规划终期评估报告。2022 年 1 月，生态环境部联合五部委，向国务院上报《“十四五”核安全与放射性污染防治规划》。具体进展图如图 27 所示。

2. 核安全“十三五”规划目标指标完成情况

《核安全与放射性污染防治“十三五”规划及 2025 年远景目标》完成了 10 项重点任务、6 项重点工程和 8 项保障措施，开展工程项目 400 余项，完成投资 189 亿元。全面实现六方面 20 项目标和 8 项具体指标，主要包括：运行核电机组每堆年发生运行事件数量低于 3 起，满足每堆年发生运行事件小于 5 起的规划指标；未发生三级及以上核事件或事故；我国放射源事故平均发生率约为每年 0.38 起/万枚，满足低于 1.5 起/万枚

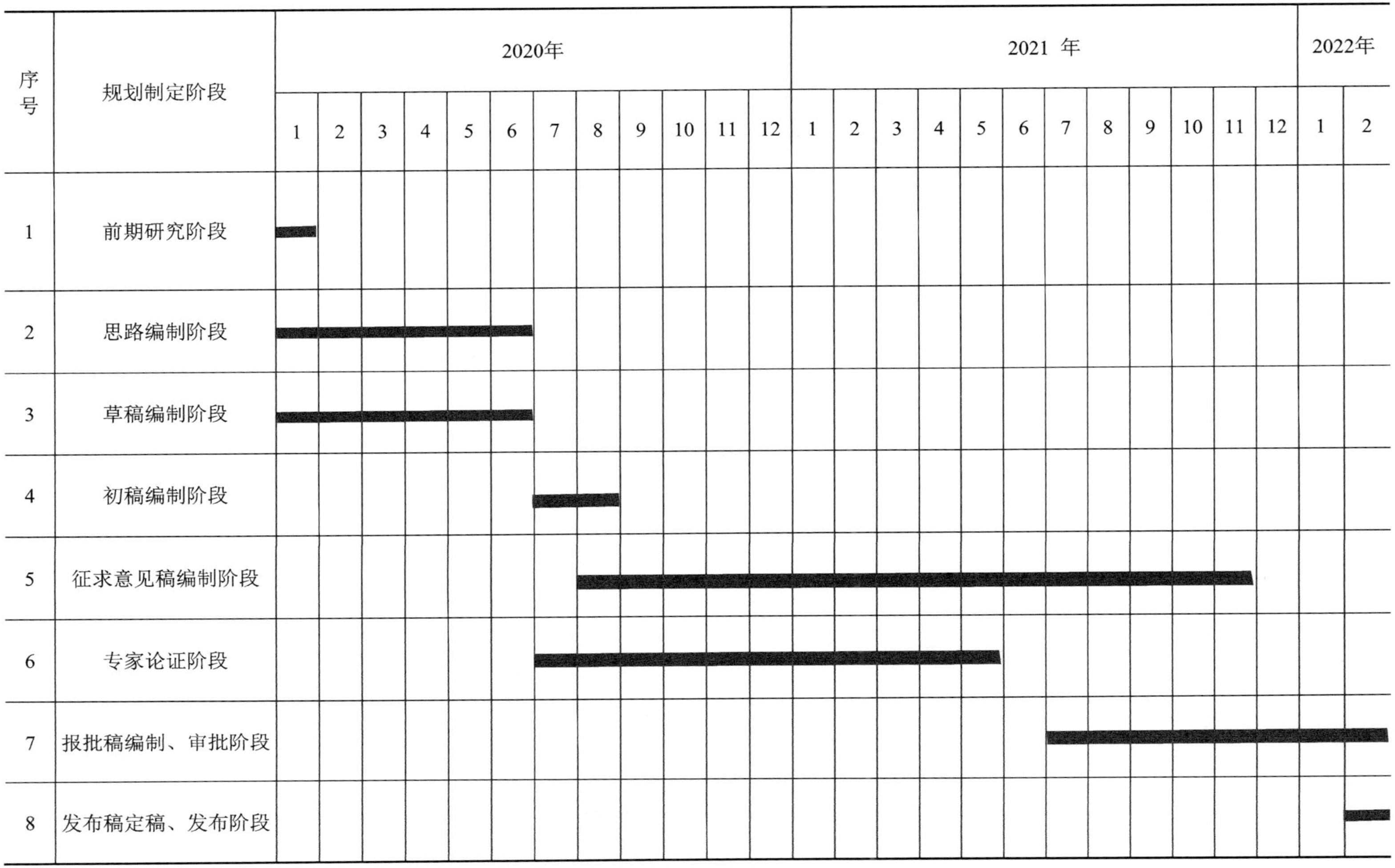

图 27　核安全“十四五”规划制定进展图

的规划指标；实现废旧放射源 100%安全收贮；核电省份达到 2 小时内划定核事故污染区域的规划指标；国控大气辐射自动监测站数量完成 500 个指标要求。通过实施《核安全与放射性污染防治“十三五”规划及 2025 年远景目标》，我国核电厂安全保持国际先进水平，其他核设施与核技术利用装置安全风险不断降低，放射性污染防治稳步推进，辐射环境质量保持良好，未发生重大放射性环境污染事件，事故预防、安全保卫、应急响应、科技研发和安全监管能力全面提升，法律法规、政策配套、体制机制、人才队伍、精神文化、公众沟通、国际合作等更加健全，核安全、环境安全、公众和从业人员健康得到有力保障。

3. 核安全“十四五”地方规划制定情况

2020 年，全国 31 个省（自治区、直辖市）以及新疆生产建设兵团依照《核安全法》《放射性污染防治法》研究编制了核与辐射安全领域“十四五”规划，截至 2022 年 9 月底，21 个省级政府根据本省核安全与辐射环境基本情况开展核与辐射安全专项规划编制，11 个省级政府在省级生态环境保护规划中设置了核与辐射安全章节，制定情况如图 28 所示，基本形成了国家、地方政府、企事业单位三级核与辐射安全规划体系。

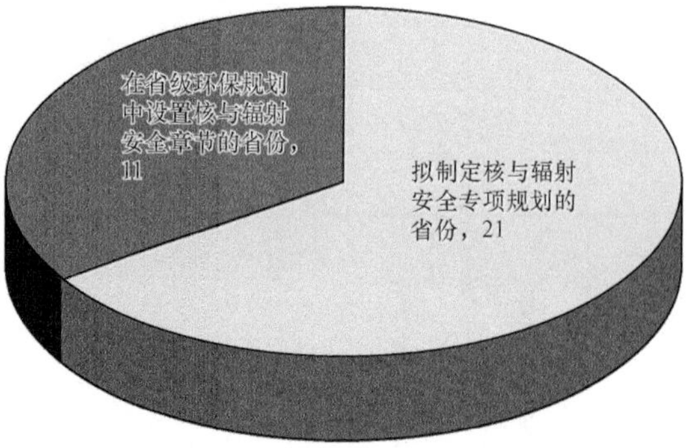

图 28　核安全“十四五”地方规划制定情况

2021 年年底至 2022 年 9 月，各地方编制的核安全领域“十四五”规划陆续发布，具体发布情况如表 45 所示，将对地方核与辐射安全监管以及地方辐射环境监测、辐射安全监管等能力建设起到引领作用。

表 45　省级核安全专项规划发布情况（截至 2022 年 9 月）

序号	规划	发布时间
1	《湖南省核安全与辐射环境污染防治“十四五”规划》	2021 年 12 月
2	《山东省“十四五”核与辐射安全监管规划》	2021 年 12 月
3	《湖北省核安全与辐射环境污染防治“十四五”规划》	2022 年 1 月

续表

序号	规划	发布时间
4	《广西壮族自治区核安全与辐射环境污染防治高质量发展“十四五”规划》	2022 年 2 月
5	《重庆市辐射污染防治“十四五”规划（2021—2025 年）》	2022 年 3 月
6	《安徽省“十四五”核与辐射污染防治规划》	2022 年 3 月
7	《福建省“十四五”核安全与辐射污染防治规划》	2022 年 4 月
8	《河南省“十四五”核与辐射污染防治规划》	2022 年 7 月

第三节　政策研究工作

1. 开展核安全命运共同体研究

核安全命运共同体是习近平总书记在 2016 年第四届核安全峰会上首次提出的，其涵盖了中国一以贯之的核安全观，是习近平新时代特色社会主义思想在核领域的具体体现，是人类命运共同体理念在核领域的延续和升华，对于未来核能和核安全事业发展具有重要的指导作用。本研究主要探索分析了核安全命运共同体的提出背景、概念、发展脉络，研究厘清了核安全命运共同体的思想内涵，剖析倡导人类命运共同体和核安全命运共同体的重要意义，部署具体任务和实施步骤，对于践行核安全命运共同体，落实国家核安全责任，提升企业作为，开创新时代核能核安全事业具有重要意义。

2. 开展核安全设备违规造假防控专题研究

联合设备部和安检办开展研究，在去年提交的《民用核安全设备造假防控监督管理要求》基础上，编制完成《民用核安全设备弄虚作假行为判定及处理办法（初稿）》，对民用核安全设备领域违规造假防控及监督管理工作进行了有益探索。此外，配合总体运行部对近年来监督站提交的违规造假材料进行了研究并研提了监管建议。

3. 开展碳达峰碳中和对核安全治理影响的研究

碳达峰是我国对世界的庄重承诺，习近平总书记在气候变化巴黎大会和联合国大会一般性辩论等国际会议上明确提出，我国将于 2030 年左右使二氧化碳排放达到峰值并争取尽早实现。目前，我国已将碳达峰提上了重要的议事日程，一系列碳达峰行动开始实施，而核能作为低碳、可靠、稳定、高质量的基荷能源，在构建现代能源体系、保护生态环境、应对气候变化和促进科技进步等方面发挥更大的作用。本研究主要针对我国核能核技术出现的新形势、新特点，分析未来非化石能源为主体的电力系统为核电安全运行带来的挑战，从健全法规体系、提升监管效能、加强公众沟通和开展前瞻研究等方面对新时代核安全和核能发展提出了针对性对策建议。

4. 开展关于进一步发挥涉核企业集团安全管理作用、促进落实营运单位核安全全面责任的对策研究

涉核企业集团既是影响核安全的重要因素，更是我国核安全治理体系的一个重要主体，是推进我国核安全治理体系和治理能力现代化的重要力量。随着核电事业规模化发展，核电控股开发主体复杂化，涉核企业集团多元化发展，集团公司对核电板块专业化集约化管理力度加大，对营运单位落实核安全全面责任的影响越来越显著。本研究在充分调研我国法律法规要求、国内外核安全监管实践及国内其他领域管理实践的基础上，对涉核企业集团对核安全的影响和存在问题进行分析，对推动涉核企业集团充分发挥安全管理作用，促进落实营运单位的核安全全面责任提出对策建议。

5. 开展福清核电核安全违法违规风险评估

近年来，随着核能与核技术利用事业的快速发展，国家核安全局陆续制修订了一系列配套法规导则，坚持从高从严标准，加强核与辐射安全监管，对“违规操作、弄虚作假”零容忍。从内部自查和外部监督检查发现的问题看，违法违规风险已成为福清核电当前一项重要的风险挑战。为切实有效降低福清核电违法违规风险，将对福清核电开展独立核安全违法违规评估，通过梳理适用的法律法规清单和评估现行法律法规中涉及的安全风险点，对目前福清核电内与核安全有关的管理文件和相关技术文件进行评估，研究其与核安全法要求的符合性，并提出评估意见，进一步规范福清核电程序制度、完善管理体系，提升福清核电违法违规风险防范能力。

6. 开展福岛核事故十周年专题研究

福岛核事故作为世界核能利用史上一次影响深远的事件，是人类核能开发道路上绕不开的警示碑。2021年是福岛核事故发生十周年，本研究以福岛十周年为专题，调研东电公司最新发布情况，分析福岛污水排海计划及影响，了解事故后福岛核电厂现状，评估“十二五”福岛核事故后我国提出的核安全短期、中期和长期改进的效果，总结十年来我国核安全所取得的成效，展望未来核安全发展趋势。

7. 开展国家核安全局年报编制

开展新的封面设计，撰写局长致辞等相关材料，完成年报中文版的编制、发布和印刷工作；完成英文版的翻译、校对及发布工作。

8. 开展核电厂人因管理若干问题研究

对 NUREG-0711 译文进行了全文审查，借鉴学习美国关于人因管理的经验，分析疫后核电厂人因管理的特点，开展建立从业人员心理健康工作机制研究。

9. 开展核电厂联合持证模式研究

调研国际上核电公司多层级治理结构的案例，研究核电发达国家核安全许可证持有单位变更的背景和实践，对我国部分核电基地开展联合持证实践利弊分析、压实我国核电厂营运单位核安全责任提供了借鉴。

第七章　对外合作

第一节　概　况

2021 年，国家核安全局落实习近平外交思想和核安全峰会倡议，践行“理性、协调、并进”的核安全观，积极参与全球核安全治理，分享核安全监管经验，有力支撑我国核安全监管体系推广。

1. 持续推动多边合作

与国际原子能机构合作方面。派员参加国际原子能机构重要机制和法规标准制度修订工作，包括安全标准委员会会议、核安全标准委员会会议、全球核安全与安保网络指导委员会会议、监管合作论坛指导委员会会议和福岛十周年核安全国际大会等。推荐人员继续担任国际原子能机构安全标准委员会委员、全球核安全和安保网络指导委员会成员、辐射安全信息管理系统国家联络员等。组织参加机构各类机制性会议和活动。

与经合组织核能署合作方面。3 月，国家核安全局副局长、核电安全监管司司长汤搏视频出席核电厂多国设计评价机制（MDEP）政策组特别会议。有序推进核电厂多国设计评价机制第五届大会筹备工作。组织参加机制下技术指导委员会会议、“华龙一号”工作组、VVER 工作组、EPR 工作组及其专家子组会议，多层次参与机制主要活动。派员继续担任核能署技术秘书，支持人员担任核监管活动委员会及核设施安全委员会委员，组织参与委员会及下设各工作组活动。

2. 履行国际公约义务

《核安全公约》第九轮履约工作正式启动。参加公约官员会议、组织会议，推选公约履约国家组官员，筹备编写国家报告。

《乏燃料管理安全和放射性废物管理安全联合公约》第七轮履约有序推进，完成针对各缔约方报告的提问，筹备缔约方第四次特别会议，完成联合公约生效二十周年调查问卷。

3. 持续巩固双边合作

稳步推进与核能发达国家核安全合作。11 月，国家核安全局副局长、核电安全监管司司长汤搏视频出席中英核安全合作指导委员会会议。派员出席中俄总理定期会晤核问题分委会第二十五次会议、中法核安全双边交流会议、中美和平利用核能放射源安保培训会和中意核废物管理专题培训会等。

加强与“一带一路”国家核安全合作。出席国际原子能机构对巴基斯坦核与辐射安全监管综合评估组准备会议。与 12 个签订协议和“一带一路”相关国家核安全监管部门保持沟通。

深化巩固区域核安全合作。11 月至 12 月，国家核安全局副局长、核设施安全监管司司长江光视频出席第 13 届中日韩核安全监管高官会。

对外合作具体事项如表 46 至表 50 所示。

表 46　对外合作活动情况（截至 2021 年 12 月 31 日）

合作对象	合作活动次数
国际组织	80
双边	23
多边	3
区域	2

表 47　与国际组织合作活动列表

国际组织	合作活动内容	执行方	日期
国际原子能机构（IAEA）	国际会议-黄润秋部长为国际原子能机构“核技术控制塑料污染”圆桌视频会议录制视频致辞	国家核安全局	2021 年 5 月
IAEA	国际会议-IAEA 核安全公约审议会议工作沟通视频会	国家核安全局	2021 年 1 月
IAEA	国际会议-IAEA 全球核安全与安保网络（GNSSN）指导委员会视频讨论会	国家核安全局	2021 年 1 月
IAEA	国际会议-IAEA 核动力厂应急响应评估和预测方法线上培训会	国家核安全局	2021 年 1 月
IAEA	国际会议-IAEA 协调研究项目—“建立现象识别与排序表和验证矩阵，并对熔融物堆内滞留进行基准测试”讨论会议	生态环境部核与辐射安全中心	2021 年 1 月
IAEA	国际会议-IAEA 分级方法在核装置监管中的应用技术会议	国家核安全局	2021 年 2 月

续表

国际组织	合作活动内容	执行方	日期
IAEA	国际会议-审查 IAEA 安全标准应用于新型反应堆的技术会议	国家核安全局	2021 年 3 月
IAEA	国际会议-IAEA 国际职员后备人才网络培训班会议	国家核安全局	2021 年 3 月
IAEA	国际会议-IAEA 非应急情况下食品和饮用水中放射性控制导则编写指导小组第四次会议	生态环境部核与辐射安全中心	2021 年 3 月
IAEA	国际会议-IAEA 切尔诺贝利和福岛后核安全与安保视频研讨会	生态环境部核与辐射安全中心	2021 年 3 月
IAEA	国际会议-IAEA《核安全公约》第八次履约官员会议	生态环境部核与辐射安全中心	2021 年 3 月
IAEA	国际会议-IAEA 小型反应堆监管者论坛	国家核安全局	2021 年 4 月
IAEA	国际会议-IAEA 放射源安全和安保 2022 年度第二次计划委员会会议	国家核安全局	2021 年 4 月
IAEA	国际会议-2022 年技术和科学支持组织在增强核安全与安保方面面临的国际挑战第一次委员会会议	生态环境部核与辐射安全中心	2021 年 4 月
IAEA	国际会议-IAEA 技术合作项目（TC）人力资源管理培训视频会	生态环境部核与辐射安全中心	2021 年 4 月
IAEA	国际会议-IAEA 医疗、工业和工业射线照相术研究职业照射信息系统的咨询会	生态环境部核与辐射安全中心	2021 年 5 月
IAEA	国际会议-IAEA 全球核安全与安保网络（GNSSN）指导委员会第 16 次会议	国家核安全局	2021 年 6 月
IAEA	国际会议-IAEA 监管合作论坛（RCF）指导委员会会议	国家核安全局	2021 年 6 月
IAEA	国际会议-IAEA 国际通用老化经验教训第 5 阶段构筑物组第 3 次会议	生态环境部核与辐射安全中心	2021 年 6 月
IAEA	国际会议-IAEA 辐射环境评估方法顾问会议	生态环境部核与辐射安全中心	2021 年 6 月
IAEA	国际会议-IAEA 核安全标准委员会第 51 次会议	国家核安全局	2021 年 6—7 月
IAEA	国际会议-IAEA 技术合作项目进展视频会	国家核安全局	2021 年 7 月
IAEA	国际会议-IAEA 铀生产和天然放射性物质安全监管论坛年会	国家核安全局 生态环境部核与辐射安全中心	2021 年 8 月
IAEA	国际会议-IAEA 弃用放射源导则会议	国家核安全局	2021 年 8 月
IAEA	国际会议-IAEA 核安全监管高官会	国家核安全局	2021 年 9 月
IAEA	国际会议-IAEA 应对新型先进反应堆的许可的挑战会议	国家核安全局	2021 年 9 月
IAEA	国际会议-IAEA 监管合作论坛（RCF）全体会议暨援助方支持方案讨论会	国家核安全局	2021 年 9 月
IAEA	国际会议-IAEA“大型公众活动核安保设备部署与管理实践”线上国际研讨会	国家核安全局	2021 年 9 月
IAEA	国际会议-IAEA 技术合作项目（TC）中国项目进展会议	生态环境部核与辐射安全中心	2021 年 9 月
IAEA	国际会议-IAEA 非应急状态下的公众沟通视频会议	生态环境部核与辐射安全中心	2021 年 9 月

续表

国际组织	合作活动内容	执行方	日期
IAEA	国际会议-《乏燃料管理安全和放射性废物管理安全联合公约》第四次特别会议安排沟通会	国家核安全局	2021 年 10 月
IAEA	国际会议-IAEA 核燃料循环设施定期安全审查的出版物视频咨询会议	生态环境部核与辐射安全中心	2021 年 10 月
IAEA	国际会议-IAEA 福岛第一核电站事故后十年进展国际会议	国家核安全局生态环境部核与辐射安全中心	2021 年 11 月
IAEA	国际会议-IAEA 核安全标准委员会第 52 次会议	国家核安全局	2021 年 11 月
IAEA	国际会议-IAEA2021 年坎杜堆高级监管者会议	国家核安全局	2021 年 11 月
IAEA	国际会议-IAEA 利用定期安全审查实现核电厂长期运行技术研讨会	国家核安全局	2021 年 11 月
IAEA	国际会议-IAEA 放射性废物管理国际会议	国家核安全局	2021 年 11 月
IAEA	国际会议-IAEA 放射性物质环境排放与影响评定通用模型的应用技术会议	生态环境部核与辐射安全中心	2021 年 11 月
IAEA	国际会议-IAEA 小型模块堆监管机构论坛指导委员会及工作组会议	生态环境部核与辐射安全中心	2021 年 11 月
IAEA	国际会议-IAEA 全球核安全与安保网络（GNSSN）指导委员会第 17 次会议	国家核安全局	2021 年 12 月
IAEA	国际会议-IAEA 新周期第一次放射性和环境影响评定方法研讨会	生态环境部核与辐射安全中心	2021 年 12 月
经合组织核能署（NEA）	国际会议-核电厂多国设计评价机制（MDEP）技术指导委员会第 38 次会议	国家核安全局生态环境部核与辐射安全中心	2021 年 1 月
NEA	国际会议-核电厂多国设计评价机制（MDEP）VVER 工作组事故与瞬态子组第 9 次会议	国家核安全局	2021 年 1 月
NEA	国际会议-核电厂多国设计评价机制（MDEP）新冠疫情下核安全监管经验视频研讨会	国家核安全局	2021 年 2 月
NEA	国际会议-核电厂多国设计评价机制（MDEP）政策组特别会议	国家核安全局生态环境部核与辐射安全中心	2021 年 3 月
NEA	国际会议-核电厂多国设计评价机制（MDEP）供应商联合监督工作组第 26 次会议	国家核安全局	2021 年 3 月
NEA	国际会议-核电厂多国设计评价机制（MDEP）VVER 工作组压力容器与一回路部件子组第 14 次会议	国家核安全局	2021 年 3 月
NEA	国际会议-核设施安全委员会风险评价工作组会议	生态环境部核与辐射安全中心	2021 年 3 月
NEA	国际会议-核监管活动委员会运行经验工作组第 28 次会议	生态环境部核与辐射安全中心	2021 年 3 月
NEA	国际会议-核电厂多国设计评价机制（MDEP）VVER 工作组事故与瞬态子组第 10 次会议	国家核安全局	2021 年 4 月
NEA	国际会议-第 45 次核监管活动委员会会议和第 69 次核设施安全委员会会议	国家核安全局	2021 年 5 月
NEA	国际会议-核电厂多国设计评价机制（MDEP）VVER 工作组第 16 次会议	国家核安全局	2021 年 5 月
NEA	国际会议-核电厂多国设计评价机制（MDEP）过渡团队首次会议	生态环境部核与辐射安全中心	2021 年 5 月

续表

国际组织	合作活动内容	执行方	日期
NEA	国际会议-核电厂多国设计评价机制（MDEP）VVER工作组严重事故子组第15次会议	生态环境部核与辐射安全中心	2021年5月
NEA	国际会议-核监管活动委员会数字化仪控工作组第6次会议	生态环境部核与辐射安全中心	2021年5月
NEA	国际会议-核电厂多国设计评价机制（MDEP）技术指导委员会第39次会议	生态环境部核与辐射安全中心	2021年6月
NEA	国际会议-核电厂多国设计评价机制（MDEP）多国设计审查计划供应商联合监督工作组第27次会议	国家核安全局	2021年6月
NEA	国际会议-多核电厂多国设计评价机制（MDEP）第28次 EPR 工作会议	国家核安全局	2021年6月
NEA	国际会议-核电厂多国设计评价机制（MDEP）AP1000 工作组第21次会议	国家核安全局	2021年6月
NEA	国际会议-核电厂多国设计评价机制（MDEP）供应商联合监督工作组核安全文化专题第一次视频研讨会	国家核安全局	2021年8月
NEA	国际会议-核电厂多国设计评价机制（MDEP）过渡团队第2次会议	生态环境部核与辐射安全中心	2021年8月
NEA	国际会议-核电厂多国设计评价机制（MDEP）VVER工作组福岛核事故经验反馈技术子组会议	国家核安全局	2021年9月
NEA	国际会议-与 NEA 核安全与监管处处长就双方后续合作沟通会	国家核安全局	2021年9月
NEA	国际会议-核监管活动委员会事故分析与管理工作组第24次会议	生态环境部核与辐射安全中心	2021年9月
NEA	国际会议-核电厂多国设计评价机制（MDEP）EPR工作组第29次会议	国家核安全局	2021年10月
NEA	国际会议-核电厂多国设计评价机制（MDEP）VVER工作组事故与瞬态子组第12次会议	国家核安全局	2021年10月
NEA	国际会议-核电厂多国设计评价机制（MDEP）核安全文化专题第二次视频研讨会	国家核安全局	2021年10月
NEA	国际会议-核电厂多国设计评价机制（MDEP）VVER论坛	生态环境部核与辐射安全中心	2021年10月
NEA	国际会议-核电厂多国设计评价机制（MDEP）VVER工作组行业研讨会线上准备会议	生态环境部核与辐射安全中心	2021年10月
NEA	国际会议-核电厂多国设计评价机制（MDEP）VVER工作组核监管活动委员会数字化仪控工作组第8次会议	生态环境部核与辐射安全中心	2021年10月
NEA	国际会议-核电厂多国设计评价机制（MDEP）技术指导委员会第40次会议	生态环境部核与辐射安全中心	2021年11月
NEA	国际会议-核电厂多国设计评价机制（MDEP）过渡团队第3次会议	生态环境部核与辐射安全中心	2021年11月
NEA	国际会议-核电厂多国设计评价机制（MDEP）华龙一号工作组技术专家子组第5次会议	生态环境部核与辐射安全中心	2021年11月

续表

国际组织	合作活动内容	执行方	日期
NEA	国际会议-第46次核监管活动委员会会议和第70次核设施安全委员会会议	国家核安全局	2021年12月
NEA	国际会议-核电厂多国设计评价机制（MDEP）华龙一号工作组第7次会议	国家核安全局生态环境部核与辐射安全中心	2021年12月
NEA	国际会议-核电厂多国设计评价机制（MDEP）政策组第16次会议	生态环境部核与辐射安全中心	2021年12月
NEA	国际会议-职业照射信息系统（ISOE）管理委员会第31次会议	生态环境部核与辐射安全中心	2021年12月
联合国原子辐射影响科学委员会	国际会议-联合国原子辐射影响科学委员会第六十八届会议	生态环境部核与辐射安全中心	2021年6月
国际放射防护委员会	国际会议-国际放射防护委员会（ICRP）全体会议、第4委员会（年度）会议	国家核安全局	2021年7、9、11月
北极理事会	国际会议-突发事件预防、准备和响应工作组（EPPR）会议	生态环境部核与辐射安全中心	2021年1月

表48 双边合作活动列表

国别	合作活动内容	执行方	日期
法国	国际会议-法国严重事故源项评估程序（ASTEC）用户组和工作组 2021年年度会议	生态环境部核与辐射安全中心 法国国家辐射防护和核安全研究所	2021年5月
法国	双边会见-法国驻华大使馆核能参赞	国家核安全局 法国驻华大使馆	2021年6月
法国	国际会议-台山核电技术交流视频会	国家核安全局 法国核安全局	2021年6月
法国	国际会议-钢筋混凝土耐久性监测项目（ODOBA）第5次技术组会议	生态环境部核与辐射安全中心 法国核与辐射安全研究院	2021年6月
法国	国际会议-中法 EPR 核电技术线上交流会	生态环境部核与辐射安全中心 法国核与辐射安全研究院	2021年7月
法国	际会议-中法双边技术交流会预备会	国家核安全局法国核安全局	2021年10月
法国	国际会议-中法双边技术交流第一次会议	国家核安全局 生态环境部核与辐射安全中心 法国核安全局	2021年11月
法国	国际会议-中法双边技术交流会预备会	国家核安全局 生态环境部核与辐射安全中心 法国核安全局	2021年11月
法国	国际会议-中法双边技术交流第二次会议	国家核安全局 生态环境部核与辐射安全中心 法国核安全局	2021年11月
美国	国际会议-中美 PUNT 第五工作组视频商谈会	国家核安全局 美国能源部	2021年3月
美国	国际会议-美国严重事故研究项目（CSARP）会议	生态环境部核与辐射安全中心 美国核管制委员会	2021年6月

续表

国别	合作活动内容	执行方	日期
美国	国际会议-中美 PUNT 放射源安保培训班准备会	国家核安全局 美国能源部	2021 年 7 月
美国	国际会议-中美 PUNT 放射源安保培训班	国家核安全局 美国能源部	2021 年 8 月
美国	国际会议-中美 PUNT 放射源安保培训总结及 2022 年合作计划展望会	国家核安全局 美国能源部	2021 年 12 月
俄罗斯	国际会议-中俄放射性废物处置、放射源长期贮存安全与处置研讨会	国家核安全局 俄罗斯工业、环境与核能监督局	2021 年 9 月
俄罗斯	国际会议-中俄总理定期会晤核问题分委会第 25 次会议	国家核安全局 俄罗斯工业、环境与核能监督局	2021 年 10 月
意大利	国际会议-中意核废物管理专题线上培训会	生态环境部核与辐射安全中心 意大利米兰理工大学 放射性废物管理公司（NucLEco） 意大利国有核电管理公司	2021 年 11 月
英国	国际会议-中英核安全合作指导委员会会议	国家核安全局 生态环境部核与辐射安全中心 英国核监管办公室	2021 年 11 月
英国	国际会议-中英核安全合作指导委员会会议筹备会	国家核安全局 英国核监管办公室	2021 年 11 月
韩国	国际会议-中韩核安全技术合作项目视频会议	生态环境部核与辐射安全中心 韩国核安全研究院	2021 年 10 月
巴基斯坦	国际会议-中巴（基斯坦）合作进展及技术支持工作层视频会	国家核安全局 巴基斯坦核监管局	2021 年 3 月
巴基斯坦	国际会议-中巴（基斯坦）核安全监管交流视频会	国家核安全局 巴基斯坦核监管局	2021 年 4 月
巴基斯坦	国际会议-对巴基斯坦核与辐射安全监管综合评估组准备会议	国家核安全局 巴基斯坦核监管局	2021 年 11 月

表 49　多边合作活动列表

合作方	合作活动内容	执行方	日期
欧盟	国际会议-中欧核安全合作项目线上交流会	生态环境部核与辐射安全中心欧盟委员会	2021 年 8 月
欧盟	国际会议-中欧核安全研讨会筹备会议	国家核安全局欧盟委员会	2021 年 9 月
IAEA 欧盟	国际会议-运行经验反馈在线培训会	生态环境部核与辐射安全中心 IAEA 欧盟联合研究中心	2021 年 10 月

表 50　区域合作活动列表

合作方	合作活动内容	执行方	日期
中日韩	第 13 届中日韩核安全监管高官会	国家核安全局 日本原子力规制委员会 韩国核安全与核安保委员会	2021 年 11 月
中日韩	第 13 届中日韩核安全监管高官会筹备会	国家核安全局 日本原子力规制委员会韩国核安全与核安保委员会	2021 年 11 月

第二节　出访来访情况

出访来访情况见表51。

表51　出访来访情况统计

年度	出访团组数	出访人次	邀请来华团组数	来华人数
2013	65	189	/	58
2014	57	156	/	213
2015	79	168	18	103
2016	78	152	26	104
2017	78	186	21	98
2018	85	223	24	86
2019	83	265	25	114
2020	2	5	1	4
2021	1	1	/	/

第三节　联约提问情况

联约提问情况见表52、表53。

表52　五次联约对中国国家报告提问统计（按主题分类）

按类别与主题统计	2009年 第3次联约	2012年 第4次联约	2015年 第5次联约	2018年 第6次联约	2022年 第7次联约
总计	96	84	75		88
立法与监管	18	17	5	13	11
标准	7	15	1		8
厂址相关			2		1
公众参与	4	5	5	10	4
经验反馈	1	2			1
人力保证	3	3	2	2	2
财务保证	7	3	5	7	5
质量保证	4	2		1	1
应急准备	3			6	2

续表

按类别与主题统计	2009 年 第 3 次联约	2012 年 第 4 次联约	2015 年 第 5 次联约	2018 年 第 6 次联约	2022 年 第 7 次联约
核燃料	3	1			
乏燃料	17	9		15	2
乏燃料安全管理			22	18	4
乏燃料后处理					2
辐射防护				3	5
放射性废物管理	14	21	14		25
超越国界运输	1	1	1		0
放射源	8	4	2	11	4
其他	6	1	8	4	7
事故相关			2		
退役相关			6	4	4

表 53　五次联约对中国国家报告提问统计（按国别分类）

按国家统计	2009 年 第 3 次联约	2012 年 第 4 次联约	2015 年 第 5 次联约	2018 年 第 6 次联约	2022 年 第 7 次联约
总计	96	84	75	105	88
英国	24	3	4	9	9
法国	13	8	7	7	5
加拿大	11	8	2	3	2
德国	10	3	3	6	3
美国	9	5	5	7	3
韩国	9	8	2	9	13
乌克兰	6	/	/	/	
日本	5	38	6	5	9
立陶宛	4	/	/	/	
罗马尼亚	2		2	1	
保加利亚	2	1	1	/	1
俄罗斯	1	2	4	4	9
越南	/	/	12	4	2
意大利	/	/	11	/	12
捷克	/	/	7	1	
澳大利亚	/	/	4	/	
巴西	/	6	3	/	
黑山	/	/	1	/	
欧洲原子能委员会	/	/	1	10	3

续表

按国家统计	2009 年 第 3 次联约	2012 年 第 4 次联约	2015 年 第 5 次联约	2018 年 第 6 次联约	2022 年 第 7 次联约
比利时	/	2	/	2	8
芬兰	/	/	/	3	1
冰岛	/	/	/	3	
挪威	/	/	/	7	
南非	/	/	/	8	
西班牙	/	/	/	3	
瑞典	/	/	/	12	
马其顿	/	/	/	1	
印度尼西亚					6
斯洛伐克					2

第四节　公约提问情况

公约提问情况见表 54、表 55。

表 54　最近四次公约对中国国家报告提问统计（按公约条款分类）

按公约条款	2011 年第 5 次	2014 年第 6 次	2017 年第 7 次	2020 年第 8 次
General 概要	21	19	50	68
Article 6 现有核电厂	5	7	7	18
Article 7 立法和监管框架	10	5	27	39
Article 8 监督管理机构	16	11	11	20
Article 9 核电厂许可证持有者责	5	0	2	4
Article 10 安全优先	8	7	7	18
Article 11 财政资源和人力资源	7	11	10	5
Article 12 人因	8	8	8	9
Article 13 质量保证	9	3	8	9
Article 14 安全评价与验证	18	14	15	35
Article 15 辐射防护	24	8	6	34
Article 16 应急准备	12	6	18	23
Article 17 选址	11	7	10	15
Article 18 设计与建造	22	8	8	36
Article 19 运行	21	11	7	17

表 55　最近四次公约对中国国家报告提问统计（按国别分类）

按国家	2011 年第 5 次	2014 年第 6 次	2017 年第 7 次	2020 年第 8 次
日本	22	7	4	65
瑞典	7	0	0	42
加拿大	11	16	35	28
南非	18	0	0	22
阿根廷	0	0	8	20
意大利	0	0	0	16
韩国	12	27	18	15
英国	9	9	15	12
印度	10	3	6	12
俄国	2	0	16	11
巴基斯坦	0	0	0	10
加纳	0	0	0	9
印度尼西亚	0	0	1	9
法国	20	13	9	9
奥地利	0	0	0	9
芬兰	14	19	7	8
土耳其	0	0	3	7
乌克兰	1	4	0	6
西班牙	2	0	3	6
欧盟	9	4	11	6
美国	11	8	6	5
越南	3	0	5	5
斯洛伐克	0	5	1	4
比利时	2	0	5	3
斯洛文尼亚	0	0	1	2
德国	18	3	6	2
捷克	1	1	3	2
卢森堡	1	0	0	2
泰国	0	0	0	1
匈牙利	5	2	4	1
冰岛	0	0	0	1
巴西	10	0	11	0

续表

按国家	2011 年第 5 次	2014 年第 6 次	2017 年第 7 次	2020 年第 8 次
保加利亚	1	1	2	0
波兰	0	2	2	0
瑞士	4	0	8	0
阿联酋	4	0	4	0
罗马尼亚	0	1	0	0

第八章　信息公开与公众沟通

第一节　概　况

2021 年，局微信宣传工作取得新成效，阅读量、粉丝量均有提升。2021 年 1 月 1 日至 2021 年 12 月 31 日，国家核安全局网站共发布信息 1 593 篇，浏览量达 178 万次；英文网站共发布信息 8 篇；微信公众号共发布图文 985 篇，共 300 期，图文阅读量累计达 52.5 万次，关注人数 4.2 万人（同比增长 6 000 人），转发量达 1.8 万次。

两会期间，按照网信办要求，及时发布两会相关报道，并及时提交相关统计数据；4·15 期间开展图文、视频征集活动，开设“守护核安全”图片故事和短视频专栏，以多样形式展现核安全铁军风采；六五环境日期间，集中发布相关图文，介绍部里和各省厅开展的相关活动。年终开展“2021 年度核与辐射安全十大新闻”评选活动，得到社会公众的积极参与和专家学者的大力支持。经组委会讨论、网民投票和专家学者评审，最终选出了国内、国际十大新闻。

第二节　信息公开

2021 年，局网站“要闻动态”栏目浏览量最多，达 294 103 次；“业务工作”栏目次之，浏览量 283 151 次；“政策文件”“组织机构”“专题专栏”“互动交流”栏目浏览量分别为 180 953、120 087、101 222、45 441 次。

在 2020 年局网站对此前版面设计老旧、栏目设置不合理、移动设备用户体验感较差等问题均进行了升级改造之后，在一定程度上提升了网站浏览量，2021 年局网站总浏览量相比 2020 年整体呈上升趋势。

第三节　公众沟通

公众沟通见表 56。

表 56　2021 年公众沟通活动一览表

序号	活动主题	时间	活动形式
1	4·15 国家安全教育日宣传	2021 年 4 月	发布宣传海报、制作宣传展板
2	环境主题科普讲座	2021 年 7 月	派专家在“第一期中小学教师美境行动培训暨国际生态学校项目交流会“开展核与辐射安全科普讲座
3	科普进校园	2021 年 9 月	组织专家赴北京理工大学附属实验学校开展了科普讲座活动